江苏省高校品牌专业建设工程资助项目（TAPP，PPZY2015B182）

走过四季

微观美国建筑文化与艺术教育

陈 杰 著

U0223614

东南大学出版社
SOUTHEAST UNIVERSITY PRESS

图书在版编目（CIP）数据

走过四季：微观美国建筑文化与艺术教育 / 陈杰著.

南京：东南大学出版社，2017.7

ISBN 978-7-5641-7105-6

Ⅰ．①走… Ⅱ．①陈… Ⅲ．①建筑艺术 - 美国 -

Ⅳ．①TU-867.12

中国版本图书馆CIP数据核字（2017）第076421号

书　　　名：走过四季：微观美国建筑文化与艺术教育

著　　　者：陈　杰

责任编辑：马　伟

装帧设计：余武莉

出版发行：东南大学出版社

社　　　址：南京市四牌楼 2 号　　邮编：210096

网　　　址：http://www.seupress.com

出 版 人：江建中

印　　　刷：南京新世纪联盟印务有限公司

开　　　本：850 mm×1168 mm　1/16　　印张：12.25　　字数：399 千

版 印 次：2017 年 7 月第 1 版　2017 年 7 月第 1 次印刷

书　　　号：ISBN 978-7-5641-7105-6　　定价：180.00 元

经　　　销：全国各地新华书店　　　发行热线：025-83790519　83791830

杰弟赴美前，我曾叮嘱他关注跨文化交流并完成省品牌专业建设任务。从美回来后，听他的报告，仿佛我也去了趟美国，尤其是他走过美国四季，用数字艺术展现的美国建筑，令我吃惊不已。作为一个在艺术教学领域的教授，他的讲演风格有较大变化，作为一个资深油画艺术家，他的画风颇受后现代主义的影响。但骨子里仍是我们喜爱的"正人君子"，他内心流淌的仍是中华文化与爱国热血。不像有的人从西方回来，动辄鸟语一番，言语之中、画里画外都充斥着现代与后现代印迹。看来杰弟没被"西化"也没被"分化"。这是令我最欣慰的。

杰弟回来后，为了向我"交差"，给我看了他在美国举办画展的照片和写好的一篇"体会"，篇名叫"走过四季"。看完后，我觉得有点意思，于是就与杰弟商量能否结合省品牌专业建设项目写一本小册子给学生瞧瞧，他欣然答应。整个暑假他都沉浸在快乐而又痛苦的写作中。成稿后，我在《走过四季》后面又给加了个副标题，这就是《走过四季：微观美国建筑文化与艺术教育》。

杰弟在这本小册子中试图宏达叙事，被我"制止"了。我给他两点"忠告"：一是这本小册子写完后我能看懂；二是学生能大体看懂。看完他的这本册子，我觉得他确实做到了。

杰弟在册子里介绍了美国波士顿三位一体教堂、宾夕法尼亚州落水居别墅、纽约布鲁克林大桥、沃斯堡艺术博物馆、洛杉矶音乐厅以及美国各大博物馆，试图论述美国的建筑文化在后现代主义之际以及之后，还经历的解构主义建筑、新现代主义建筑、环境派建筑等，这些文化派别与建筑的具体形态体现了美国的进取精神，表现出吸收外来文化为我所用的气魄；美国的建筑文化从古典形态走向近现代形态的过渡是顺利而积极的，因为它不把传统文化作为一个包袱裹住自己的手脚，而是努力开创自己的新风格，沿着自己的历史和时代的轴线进取，始终未失美利坚文化的基本特征。经过 200 多年在艺术和科学两个方面的延伸与发展，美国建筑以其具有自身特征的社会性和生态性在不断地拓展与变化中已经成为一个多元价值观的建筑文化；美国的建筑注重建筑细节、具有古典情怀、外观简洁大方，融合多种风情于一体，是集当今世界住宅建筑精华之大成后又融合了美国人自由、活泼、善于创新等美国精神及其文化特质的人文元素的统一体 。

中国古代艺术"天人合一"的思想、纽约大都会艺术博物馆中的中国古代艺术、宾夕法尼亚大学博物馆的"中国圆厅"、碧波地博物馆中清代的徽州建筑"荫馀堂"、旧金山亚洲艺术博物馆中的中国古代青铜器等见证了美国建筑文化中的中国元素，也深深地刺痛了我的心。提醒我们这个民族今后与"强盗"打交道要注意的逻辑，也是我力荐同学们读这本小册子的初衷。

杰弟是我院艺术教育改革的领军人物，从美回来后，多次交谈涉及美国的艺术教育问题与我院艺术教育课程教学改革。他对中美艺术教育之间的交流、在美绘画创作得出的若干思考都是基于中国艺术视野之上的，其思考是深刻的，可以称为真知灼见，对于学生的艺术素质的提高是大有裨益的。

以上是我与杰弟在形式上的交流沟通，与艺术的真谛相差甚远，是为"序"已是"绰绰有余"。

黄立营

2016 年 11 月 28 日于成园

目 录
CONTENTS

1
第一章
美国的建筑历史

1- 美国的建筑历史   1
2- 对美国建筑产生影响的因素   11
3- 建筑是社会、时代、政治、人文与主事者决策能力和良知的反映   15
4- 现代建筑和现代艺术的关系   19
5- 赖特对美国建筑的贡献   23
人文知识点   26

2
第二章
美国的建筑艺术

1- 美国波士顿三位一体教堂   30
2- 美国宾夕法尼亚州流水别墅   35
3- 美国纽约布鲁克林大桥   39
4- 美国沃斯堡现代艺术博物馆   44
5- 美国洛杉矶华特·迪士尼音乐厅   49
人文知识点   56

3
第三章
美国艺术博物馆的公共教育

1- 博物馆的定义和历史演变   59
2- 对博物馆概念的理解   68
3- 美国艺术博物馆的建筑组成与建筑设计原则   78
4- 当代美国艺术博物馆教育的特点   79
5- 美国艺术博物馆公共教育的启示   86
人文知识点   90

4 第四章
美国的艺术馆和博物馆

1- 洛杉矶盖蒂艺术博物馆 94
2- 纽约古根海姆美术馆 98
3- 大都会艺术博物馆 103
4- 旧金山亚洲艺术博物馆 110
5- 纽约现代艺术博物馆 115
6- 旧金山笛洋美术馆 122
人文知识点 127

5 第五章
美国艺术博物馆中的
中国古代艺术

1- 中国艺术"天人合一"的境界 130
2- 纽约大都会艺术博物馆中的中国古代艺术 134
3- 宾夕法尼亚大学博物馆的"中国圆厅" 140
4- 美国碧波地博物馆中清代中期的徽州建筑"荫馀堂" 143
5- 旧金山亚洲艺术博物馆中的中国古代青铜器 148
人文知识点 150

6 第六章
来自中国的艺术视野

1- 东西方艺术的对话 152
2- 中美艺术教育之间的交流 166
3- 在美国绘画创作的自我沉思 169
4- 对中国当代艺术的思考 171
人文知识点 182

参考文献 185

后记 187

第一章　美国的建筑历史

1- 美国的建筑历史

　　美国的建筑历史其实是一系列"移植"和"模仿"的总和，这与美国人口组成的多样性是一致的。美国建筑的最大特点在于它始终保持着新颖和活力。传统和现代是美国建筑艺术的两个侧面。在某种意义上，美国似乎成了转换国外，尤其是欧洲艺术传统的"一面魔镜"，外来的建筑内容和形式在这里产生出神奇的适应能力，这正是美国建筑的独特所在；同时，美国建筑的另一侧面则是其自主性和不断寻求自我的强烈愿望，即使不能排除所有"借鉴"的痕迹，它仍然追求最大可能的创新和独树一帜。毫无疑问，美国建筑艺术显示出创造的伟大力量。美国建筑的源泉多种多样，尤其有两种文化以其影响之深远被载入史册，这就是南方及西南方的西班牙文化传统和东部十三州的英国文化传统。

拍摄于波士顿三位一体教堂

走过四季
微观美国建筑文化与艺术教育

拍摄于波士顿三位一体教堂

拍摄于赫斯特古堡

拍摄于赫斯特古堡

走过四季
微观美国建筑文化与艺术教育

拍摄于赫斯特古堡

拍摄于宾夕法尼亚州流水别墅

放眼整个西方建筑史，19世纪中叶以后不时有惊人之举，最终导致了19世纪末期历史的决裂。19世纪末20世纪初所谓的"新建筑运动"，已经强大起来的美国凭借"芝加哥学派"的建筑活动，扮演了其中一只举足轻重的力量，曾经留学巴黎美术学院的19世纪美国著名建筑师理查德逊，1877年完成了带有欧洲中世纪前期风格的波士顿三位一体教堂，当时的芝加哥是一个快速扩张起来的工商业城市，1871年的一场大火，又使充斥城市的那些甚无特点的木结构建筑化为灰烬，这成为新样式产生的契机。在芝加哥一批具有创新精神的建筑师的努力下，这里最早出现了钢结构的高层商业建筑，芝加哥亦成为摩天大楼的发源地。　路易斯·沙利文（1856—1924）可以说是芝加哥学派的灵魂人物，他坚决主张"形式跟随功能"的原则，在芝加哥，他和他的同事们建起了一座又一座外形规范，墙面朴素，开着大玻璃窗和具有良好通风及采光功能的高层商业楼房。芝加哥卡森·皮里·斯科特百货大楼是沙利文最后一个大型商业建筑，建筑的金属装饰全部限定在头两层的一条长装饰带上，装饰带以上是水平分割的楼层和矩形的大玻璃窗。在美国现代建筑酝酿曙光的时候，一些伟大的人物也正在悄然成长。1887年，艾德勒和沙利文的事务所聘用了一个名叫弗兰克·劳埃德·赖特（1867—1959）的青年，正是这位青年才俊接过沙利文的建筑思想，以70余年的职业生涯在美国建筑从折中主义走向现代主义的历史过程中做出了不朽的贡献。埃罗·萨里宁曾经赞美他说："如果今天是如同文艺复兴的时代，那么赖特就是20世纪的米开朗基罗"。赖特的建筑世界深邃而丰富，不管他设计的私人宅邸还是公共建筑都令人着迷。赖特的住宅设计运用一系列新语汇，如灵活的室内空间，宽大的挑檐，连排的窗口，鲜明的水平线，使建筑的造型既有安全感又开放，既现代又具有广袤的西部草原情怀，他所谓的"草原式"房屋以独特的建筑语言陈述了美国式家庭生活观念。1889年，赖特在橡园为自己设计的住宅，风格上还保留着一些理查德逊的影子；1906年完工的团结教堂，是他第一个实际建成的现浇混凝土建筑，1923年赖特在加利福尼亚建造的米勒德住宅，运用了粗壮的矩形轮廓线和有图案的预制混凝土块，显示出他对新材料和新条件的应用能力。有"落水居"美称的考夫曼住宅，是赖特20世纪30年代以后最重要的作品之一，彼此重叠的造型悬于飞瀑之上，体现着设计师无与伦比的奇特构想，虽然赖特在使用钢筋混凝土悬挑阳台方面与所谓的风格有着密切关系，但他始终对国际风格赤裸的工业化特点表示反感，而强调建筑与自然的结合，赖特称自己的建筑思想为"有机建筑论"。

　　约翰逊公司行政办公楼和著名的古根海姆博物馆开辟了赖特建筑的新风格，他尝试以曲线和圆作为建筑的主导要素并且大获成功，而且，那包绕着半透明窗带着砖石结构的约翰逊大楼，他在工业时代的大潮中坚守的人本主义价值观，正是赖特建筑艺术无限魅力的根源。

　　1919年，建筑师瓦尔特·格罗皮乌斯（1883—1969）毅然将当时的魏玛美术院和魏玛艺术工艺学校合并成为一所综合造型艺术学校，即"国立包豪斯学院"。格罗皮乌斯网络当时西欧各国的先锋艺术家和设计师，希望按照新的教学思想培养出集建筑师、艺术家和手工艺匠人为一体的新型设计人才。他宣称："我们要创造清晰的，有机的建筑"，即"一种适应于我们的机器、无线电和高速汽车世界的建筑"。

拍摄于纽约古根海姆博物馆

拍摄于费城罗丹雕塑艺术馆

拍摄于费城罗丹雕塑艺术馆　　　　　　　　　拍摄于圣·安东尼奥博物馆

拍摄于圣·安东尼奥博物馆

走过四季
微观美国建筑文化与艺术教育

拍摄于圣·安东尼奥博物馆

拍摄于洛杉矶华特·迪士尼音乐厅

法国激进派建筑师勒·柯布西耶（1887—1965）在他的《走向新建筑》一书中提出"住宅是居住的机器"，表明新的建筑观念正在产生；正像格罗皮乌斯认为的那样，包豪斯与其说是所学院，不如说是种思想，他也因此得以在世界范围内传播。1922 年，为建设芝加哥论坛报大厦展开了设计竞赛，当时执掌包豪斯的格罗皮乌斯也从德国送来方案，但他极具国际风格的建筑设计竟然"刺痛了美国人的眼睛"，美国人甚至讥讽欧洲这种外形简洁的新样式为"裸体建筑"，他们最终建起了一座仿哥特式塔楼。"芝加哥学派"的建筑外形结合包豪斯和国际风格的建筑宗旨，现代美国最具标志性的建筑符号——摩天大楼诞生了。1945 年，格罗皮乌斯和他的学生们成立了协和建筑师事务所，并且把包豪斯那种综合建筑艺术的思路逐渐引入哈佛；而密斯·凡·德·罗（1886—1969）在建筑形式上的长期探索和实践，直接关系到 20 世纪五六十年代盛行于美国乃至世界的超高层幕墙建筑样式，因此被冠以"密斯风格"。到 20 世纪 50 年代，由哈里森（1895—1981）担任总设计师的联合国大厦，为美国树立起一个高大矩形板片式摩天大楼的典范，它看上去就像一个包裹着玻璃和大理石的巨大盒子，其简练的结构不免让我们又想到包豪斯。

拍摄于纽约联合国大厦

2- 对美国建筑产生影响的因素

美国建筑是在不断借鉴他人风格和成果的基础上成长起来的，其中，我们无论如何也不能忽视对它产生了巨大影响的两个因素：巴黎美术学院的风格和后来的国际主义样式。巴黎美术学院作为一所国立高等艺术学院，不仅在法国的高等美术院校中影响很大，在中国也名声斐然，中国著名油画家林风眠、徐悲鸿、颜文梁等就毕业于这所学校。今天，这所学院高举起"重要的不是艺术"（或者称为"艺术是次要的"）的旗帜，成为旧瓶装新酒的样板。美国的建筑教育一开始就是传承自巴黎美术学院，在唯美主义信条支配下，复古主义和折中主义成为建筑的主导潮流，建筑形式和风格被奉为不可超越的典范。

建筑的革新与人文领域的全面革新是一致的，19 世纪后半叶，新文艺思潮不断向传统观念进行挑战，德国哲学家尼采提出要"重估一切价值"，欧洲的文学艺术也摆脱掉长久的写实传统。直到20 世纪 20 年代后期，巴黎美术学院倡导的古典建筑法则，一度对纽约建筑影响达半个世纪之久。面对前所未有的经济和城市发展，并为高度密集的曼哈顿空间所限制，百年前的纽约建筑师将所学古典语言移植，往往是相当自由的诠释，以富于想象力的创造，为纽约建筑史谱写了十分辉煌的一章。

建筑风格因受不同时代的政治、社会、经济、建筑材料和建筑技术等的制约以及建筑设计思想、观点和艺术素养等的影响而有所不同。巴黎在 1671 年设立了建筑学院，学生多出身于贵族家庭，形成了崇尚古典形式的学院派，学院派建筑和教育体系一直延续到 19 世纪。现代主义经过在美国的发展成为战后的国际主义风格。这种风格特别是在 20 世纪六七十年代以来发展到登峰造极的地步，影响了世界各国的设计。现代主义被称为国际风格开端的是菲利普·约翰逊（1906—2005），约翰逊认为威森霍夫现代住宅建筑展的风格会成为国际流行的建筑风格，而称这种理性、冷漠的风格为国际风格。国际主义首先在建筑设计上得到确立。米斯的西格莱姆大厦，庞蒂的佩莱利大厦成为国际主义建筑的典范。国际主义设计具有形式简单、反装饰性、系统化等特点，设计方式上受少则多原则影响较深，50 年代下半期发展为形式上的减少主义特征。

根源上看美国的国际主义与战前欧洲的现代主义运动是同源的，是包豪斯领导人来到美国后结合美国事迹发展出的新的现代主义。但意识形态上看二者却有很大差异。现代主义具有强烈的社会主义和民主主义色彩，是典型的知识分子理想主义运动，是将设计为上层权贵服务扭转为为大众服务的一种手段，这种探索是进步的。设计的目的性和功能性是第一位的。这种以形式为结果而不是为中心的立场，是现代主义运动的初衷。到美国以后少则多的米斯主义受到欢迎，钢筋混凝土预制件结构和玻璃幕墙结构得到协调的混合，成为国际主义的标准面貌。形式已具有象征性力量，成为第一性的，而社会性、大众性则逐步被抛弃。原本的民主色彩变为一种单纯的商业风格，变成了为形式而形式的形式主义追求。目的性消失，形式追求成为中心是国际主义的核心。米斯是这个风格的集大成者。80 年代以后国际主义开始衰退，简单理性、缺乏人情味、风格单一、漠视功能引起青年一代的不满是国际主义势微的主要原因。

拍摄于休斯敦城市广场的水墙瀑布

拍摄于纽约西格莱姆大厦

拍摄于沃斯堡金贝尔艺术馆新馆

拍摄于沃斯堡金贝尔艺术馆新馆

走世四季
微观美国建筑文化与艺术教育

3- 建筑是社会、时代、政治、人文与主事者决策能力和良知的反映

建筑是很可怕的，它绝对反映社会时代、政治人文与主事者的决策能力和良知。在世界许多城市的发展过程中，都曾经过将老城区建筑拆迁的过程，我们完全可以创造一个全新的使用功能，来保留这些旧的产业建筑，让它变成一种机会。18 世纪的法国大革命，是一个砸烂旧世界的革命。法国资产阶级大革命之后，意大利的佛罗伦萨曾经请法国建筑师去改造，料不到法国人就是一个拆，拆到佛罗伦萨人惊心动魄。许多工业革命前比较先进的国家，它们的城市大部分不会因为这种现代化的过程而被拆毁。比较成功的例子是巴黎，巴黎市政府只允许在老的城区外面发展，规划出十几个新的城区。在巴黎，可以看到过去的老建筑，也可以看到世界上最新的前卫建筑。1945 年抗战胜利后，梁思成他们做过一个南京和北京的规划，就是将行政部门移出老城，建立新城，这样也就保留了老城。罗马、米兰有大量的墨索里尼法西斯时期的建筑，墨索里尼搞的是新古典主义，做的建筑又非常之大。二战后，意大利左派知识分子说法西斯的建筑应该拆掉，后来大家想通了，不要拆掉，历史上有过一次法西斯，保留这些建筑就是保留经历过的状态。很多先进国家绝大部分都保留相当的区域，这些地方后来都成为了这些城市或国家创新文化的领袖区域。

纽约的苏荷原是一个旧仓库区，几十年前贫穷的艺术家进驻，然后画廊、时髦商店进入，成为纽约甚至美国现代文化艺术的发源地。它已经代表了纽约，代表了美国开放艺术的象征。一个城市的建筑决策者很需要相当程度的美学素养，这样他就会想到未来，不敢乱做决定。像纽约的苏荷一样，艺术家在这里给老建筑注入全新的生命，让老建筑开出新的花朵。

建筑人的修为非常重要，建筑牵扯太广，如做一个剧院，如果不懂音乐，不懂戏剧，如果没有很好的学识，读过很多的书，走过很多地方，怎么能做好设计呢？建筑可以荣耀一个城市，也可以变成一个城市的耻辱。

拍摄于旧金山艺术宫

走过四季

微观美国建筑文化与艺术教育

拍摄于旧金山艺术宫

拍摄于旧金山艺术宫

拍摄于纽约苏荷

拍摄于纽约苏荷

拍摄于费城伊莎贝拉美术馆

拍摄于费城伊莎贝拉美术馆

走世四季

微观美国建筑文化与艺术教育

4- 现代建筑和现代艺术的关系

从起源来看，艺术与建筑有着同样的实用性，最初的公共建筑（不是居住建筑）和艺术则完全具有同样的重要性，都是附属于宗教的，在祭祀过程中，建造祭坛和唱歌跳舞以及美术是同等重要的。真正意义上解放建筑和艺术的，却是 18 世纪之后的工业革命。标志性的事件是伦敦世博会上钢加玻璃的"水晶宫"的出现。

启蒙运动扫清了建筑学发展的上层建筑障碍，工业革命解决了建筑学发展所需的物质材料基础和科技技术条件。同时工业革命比启蒙运动意义更为重要的是，建筑的成本得到降低，使得居住建筑和公共建筑得到大规模的普及。与建筑学的情形相似，19 世纪末，发起了一场工艺美术运动，这场运动实现了艺术真正意义上的大众化和平民化。至此，建筑开始从艺术里独立出来，公共建筑和居住建筑开始更多地以实用性为基础，功能主义开始萌芽，"形式追随功能"的现代意义的价值观念也得以肯定和提倡，大家所熟知的现代建筑四大宗师将这一现代理念发扬光大，新技术新材料使得现代建筑得到长足发展。现代建筑与现代艺术关系比较密切，学建筑的学生应该系统地学习一下西方现代美术史的课，然后让学生自己建立个人对建筑和美术关系的理解，建立美术对其工作的影响。

在美国装置艺术的这批人里，建筑师出身的非常多，如贾德，极少主义艺术对贾德影响很大，反过来他又影响了建筑。近二十多年来，中国是世界建筑发展史上最庞大的建筑工地，这么多的机会，只要抓住一个就可以把她变成一个国际性的话题。但很遗憾的是，至今还没有盖出一栋可以拿到国际上代表中国这个时代的建筑。

拍摄于休斯敦梅尼尔博物馆

拍摄于休斯敦梅尼尔博物馆

拍摄于休斯敦梅尼尔博物馆

走过四季

微观美国建筑文化与艺术教育

拍摄于休斯敦梅尼尔博物馆

拍摄于盐湖城大教堂

拍摄于盐湖城大教堂

5- 赖特对美国建筑的贡献

"美丽的建筑不只局限于精确，它们是真正的有机体，是心灵的产物，是利用最好的技术完成的艺术品。"

——弗兰克·劳埃德·赖特

建筑大师赖特的奇思妙想造就出了无数令人惊叹的建筑佳作，其设计理念是对 20 世纪建筑和艺术的革新。作为举世公认的建筑大师，尽管赖特已辞世半个多世纪，但他在建筑设计领域的影响力迄今犹存，许多作品都是现代建筑师们争相模仿的不朽之作，不少革新派的建筑作品也都打上了深深的赖特烙印。赖特在 1888 年，为自己在 Adler 和 Sullivan 的建筑事务所赢得一份工作，并在路易斯·沙利文（Louis Sullivan）手下工作了六年。沙利文是少数对赖特有影响的人之一。沙利文提出过一个著名的理论："形式跟随功能"（或者说是"功能决定形式"），这个理论是来源于他完全基于自然的装修设计观念。后来，赖特对这个理论进行了修正，成为："功能和形式是一体的"。沙利文确信真正的美国式建筑应该是具有美国特色的，而不是通常人为的传统欧式建筑。这个理念最终由赖特实现了。赖特的第一个杰作是：1893 年建在伊利诺伊州福利斯河边的温斯洛（Winslow）私人住宅。这个私人住宅表明赖特喜欢用一种奇特的比例来表现建筑。赖特相信，建筑应该在人类和他所处的环境之间建立联系。赖特声称他设计的建筑是有机建筑，能够反映出人的需要、场地的自然特色并且使用可利用的自然材料。

在这一时期，赖特最著名的建筑设计是 Prairie Houses 。这幢房子屋顶的坡度很小，有深深的挑梁，但没有阁楼和地下室，长排的窗户更加强调了房子低矮的印象。他采用完全自然的、带有斑点的那种木料，并且没有使用油漆，让木料自然的美完整的体现出来。这是他第一次尝试设计一种全新的、本土化的美国式建筑。此时，赖特和一些都采用这种方法设计的芝加哥建筑师们共同组成了草原学派（Prairie School）。赖特开始在公众场合做演讲，写一些文章以表达他对建筑的看法。在他众多的演讲中最著名的"设计的艺术和工艺"，这是在 1901 年，它标志着赖特的设计理念开始被美国建筑师接受和广泛传播。"艺术和工艺运动"相信工艺技术的高低能够直接影响设计，相应的，赖特强调设计的作用：表现出木材简单的美丽的自然特色，而不是简单的模仿手工雕刻。因此，强调简单化和坚持自然的处理材料是他设计作品的特色。

这段时期里，他主要的作品包括：位于纽约州 Buffalo 的马丁私人住宅；位于伊利诺伊州芝加哥的罗宾私人住宅；位于伊利诺伊州 Oak Park 的 Unity Temple（这是美国第一个重要的纯混凝土结构的建筑）。1909 年是赖特职业生涯中的高峰期，他写了两本介绍他作品的书《Ausgefürte Bauten》和《Ausgefürte Bauten and Entwürfe》。这两本书为他赢得了国际声誉并且影响了别的建筑师。1913 年，赖特在佛罗里达州设计了几座住宅，其中 Millard House 首次采用了大型砌体，这是一种特别设计的用钢筋和混凝土做成的预制块体。1932 年他发表了《我的自传》和《消失的城市》，这两本书广泛的影响了好几代建筑师。赖特还在一段时间里创立了一个建筑学校，目的是为学习建筑的人提供一个学习的环境，并要求他们自己照顾生活上的各个方面，使他们成为负责任的、有创造性的和文明的人。在这里，这些人不仅能够在建筑设计上获得经验，而且在建筑结构、农业生产、园艺和烹饪上有所涉猎，他们还要研究自然、学习音乐、艺术和舞蹈。1934 年，赖特完成了包括在宾夕法尼亚州乡村里的流水别墅；Jacobsl 私人住宅（一座不贵但功能很好的建筑，是首幢 Usonian 风格的建筑），这些作品为赖特赢得了广泛的社会赞誉和如潮的设计任务。Robert Twombly 在 1973 年为赖特写的自传中这样写道："在他近二十年的低潮期后，他旺盛的创作欲望就如同美国艺术复苏那样充满了戏剧性，这尤其因为赖特此时已经是 70 岁高龄的老人而更加令人印象深刻。"在 1937 年，赖特决定在亚利桑那州设立一个永久性

拍摄于纽约古根海姆博物馆

走世四季
微观美国建筑文化与艺术教育

拍摄于宾夕法尼亚州流水别墅

　　的过冬住所，按赖特自己的话讲："Taliesin West 是一个对世界的展望"。

　　在赖特职业生涯的最后十年里，他获得了大量的奖项、头衔、奖章和荣耀。许多国际性的展览相继举行，例如：1951 年在佛罗伦萨的 Palazzo Strozzi 开幕的"六十年的建筑生涯"。1954 年，他 又 出 版 了《自然建筑》一书，这本书讨论了 Usonian 风格的建筑和一种新的概念——"Usonian Automatic"。1955 年，威斯康星州立大学授予赖特 Fine Arts 专业名誉博士学位。1956 年，芝加哥市长把 10 月 17 日命名为"芝加哥赖特日"。在 90 岁的时候，赖特写了另一本书《A Testament》，正如案卷保管人 Bruce Brools Pfeiffier 所说的那样，赖特在书中为自己在 20 世纪的作品和艺术成就作了最后的总结。在赖特一生中，共作了 1100 个设计，其中近三分之一是在他生命最后的十年内完成的。赖特有令人惊讶的自我更新能力并且在建筑设计上不知疲倦的努力工作，他创造了真正的美国式建筑。通过他的作品、他的著作和他培养的上百位的学生，他的思想被传播到世界各地。

■ 人文知识点

· 建筑艺术

造型艺术之一。建筑艺术是指按照美的规律，运用建筑艺术独特的艺术语言，使建筑形象具有文化价值和审美价值，具有象征性和形式美，体现出民族性和时代感。以其功能性特点为标准，建筑艺术可分为纪念性建筑、宫殿陵墓建筑、宗教建筑、住宅建筑、园林建筑、生产建筑等类型。从总体来说，建筑艺术与工艺美术一样，也是一种实用性与审美性相结合的艺术。建筑的本质是人类建造以供居住和活动的生活场所，所以，实用性是建筑的首要功能；只是随着人类实践的发展，物质技术的进步，建筑越来越具有审美价值。

· 巴黎美术学院

巴黎美术学院，是位于法国首都巴黎的一所高校，是由法国文化部管辖并属于高等专业学院性质的国立高等艺术学院，世界四大美术学院之一。巴黎美术学院始建于 1796 年，它不仅在全世界的高等美术院校中影响巨大，在中国美术界影响也最为深远，中国的老一辈油画家林风眠、颜文梁、徐悲鸿、潘玉良、刘开渠、吴冠中等名家就毕业于这所学校。

· 林风眠

林风眠（1900—1991），画家、艺术教育家、国立艺术学院（现更名为中国美术学院）首任院长。自幼喜爱绘画。代表作品有《春晴》《江畔》《仕女》。历任国立北平艺术专科学校校长、国立艺术学院院长、中国美术家协会上海分会副主席。

· 颜文梁

颜文梁（1893—1988），生于江苏苏州，中国著名画家，美术教育家，1911 年入商务印书馆画图室学习西画，1922 年与胡粹中、朱士杰创办苏州美术专科学校，1928 年入法国巴黎高等美术专科学校，1932 年回国，主持苏州美术专科学校的教学，1953 年后任中央美术学院华东分院副院长，浙江美术学院

顾问，中国美术家协会顾问，出版有《颜文梁画集》《油画小辑》《欧游小品》及水彩画集《苏杭风景》等，著有《美术用透视学》《色彩琐谈》等。

· 徐悲鸿

徐悲鸿（1895—1953），江苏宜兴人。中国现代画家、美术教育家。曾留学法国学西画，归国后长期从事美术教育，先后任教于国立中央大学艺术系、北平大学艺术学院和北平艺专。1949 年后任中央美术学院院长，主张现实主义，强调国画改革融入西画技法，被称为中国现代美术教育的奠基者。1953 年，徐悲鸿因脑出血病逝，按照徐悲鸿的愿望，夫人廖静文女士将他的作品 1200 余件，他一生节衣缩食收藏的唐、宋、元、明、清及近代著名书画家的作品 1200 余件，图书、画册、碑帖等 1 万余件，全部捐献给国家。

· 潘玉良

潘玉良（1895—1977），中国著名女画家、雕塑家。1921 年考得官费赴法留学，先后进入里昂中法大学和国立美专，与徐悲鸿同学，1923 年又进入巴黎国立美术学院。潘玉良的作品陈列于罗马美术展览会，曾获意大利政府美术奖金。1929 年，潘玉良归国后，曾任上海美专及上海艺大西洋画系主任，后任中央大学艺术系教授。1937 年旅居巴黎，曾任巴黎中国艺术会会长，多次参加法、英、德、日及瑞士等国画展。曾为张大千雕塑头像，又作王济远像等。潘女士为东方考入意大利罗马皇家画院之第一人。

· 刘开渠

刘开渠（1904—1993），安徽萧县人，雕塑家。早年毕业于北平美术学校，毕业后任杭州艺术院图书馆馆长。后赴法国，入巴黎国立高等美术学院雕塑系学习。归国后任杭州艺术专科学校（中国美术学院）教授，其艺术风格融中西雕塑手法于一炉，手法写实，造型简练、准确、生动。创作了《淞沪战役阵亡将士纪念碑》等一批反映抗战题材的艺术作品。中华人民

共和国建立后，领导人民英雄纪念碑浮雕的创作工作，并创作其中的《胜利渡长江解放全中国》及《支援前线》《欢迎解放军》等浮雕。先后任杭州艺术专科学校校长、杭州市副市长、中央美术学院华东分院院长、中央美术学院副院长、中国美术馆馆长、中国美术家协会副主席，他还担任八届全国政协委员、民盟中央文化委员会主任等。著有《刘开渠美术论文集》《刘开渠雕塑集》《刘开渠雕塑选集》等。以其名字命名的刘开渠奖、刘开渠根艺奖，分别代表着中国雕塑界和中国根艺美术界的最高奖项。

· 吴冠中

吴冠中（1919—2010），江苏宜兴人，当代著名画家、油画家、美术教育家。油画代表作有《长江三峡》《北国风光》《小鸟天堂》《黄山松》《鲁迅的故乡》等。个人文集有《吴冠中谈艺集》《吴冠中散文选》《美丑缘》等十余种。

· 新建筑运动

19世纪末到20世纪转折前后，西欧大部分地区出现工业化的经济技术基础，而且渐次出现社会文化方面的大变动。进入20世纪的门槛，一种新的属于20世纪特有的现代文明渐渐成形。在这样的情势下，建筑文化全面变革的内部和外部条件陆续成熟，在西欧发达地区，不只是建筑的经济和技术因素要求变革，而且社会对建筑的新的精神和审美要求也推动建筑师在创作中进行创新试验。他们的努力和影响超越了城市和国界，相互启发，相互促进，在20世纪初年便在西欧地区形成彼此呼应的创新潮流。第一次世界大战爆发前，新派建筑师向原有的传统建筑观念发起一阵又一阵的冲击，为后一阶段的建筑变革打下了广泛的基础。这一时期是建筑的蜕变转换时期。这些建筑师的思想和业绩，对后来反映20世纪建筑特点而与历史上相区别的建筑有积极的作用。这一时期被后人称作"新建筑运动"。

· 新建筑运动的代表人物

新建筑运动最重要的代表人物包括美国的赖特，法国的勒·柯不西耶，还有德国的瓦尔特·格罗皮乌斯、米斯·凡·德罗、彼得·贝伦斯，芬兰的阿尔瓦·阿尔托，这都是建筑设计大师，他们每个人又都是很优秀的产品设计师、工业设计师，而且都是建筑设计上的大理论家。

· 芝加哥学派

芝加哥学派包括芝加哥建筑学派、芝加哥经济学派、芝加哥传播学派、芝加哥社会学派、芝加哥气象学派等五个学派，他们对于美国对于整个世界的发展具有重大意义。芝加哥学派的鼎盛时期是1883—1893年之间，它在建筑造型方面的重要贡献是创造了"芝加哥窗"，即整开间大玻璃，以形成立面简洁的独特风格。在工程技术上的重要贡献是创造了高层金属框架结构和箱形基础。芝加哥学派突出功能在建筑设计中的主要地位，明确提出形式从功能的观点，力求摆脱折中主义的羁绊，探讨新技术在高层建筑中的应用，强调建筑艺术应反映新技术的特点，主张简洁的立面以符合时代工业化的精神。

· 印象派

印象派绘画是西方绘画史上划时代的艺术流派，19世纪七八十年代达到了它的鼎盛时期，其影响遍及欧洲，并逐渐传播到世界各地，但它在法国取得了最为辉煌的艺术成就。19世纪后半叶到20世纪初，法国涌现出一大批印象派艺术大师，他们创作出大量至今仍令人耳熟能详的经典巨制，例如，马奈的《草地上的午餐》、莫奈的《日出·印象》。

· 包豪斯

"包豪斯"一词是瓦尔特·格罗皮乌斯创造出来的，是德语Bauhaus的译音，由德语Hausbau（房屋建筑）一词倒置而成。包豪斯（Bauhaus），是德国魏玛市的 "公立包豪斯学校"（Staatliches

Bauhaus）的简称，后改称"设计学院"（Hochschule für Gestaltung），习惯上仍沿称"包豪斯"。在两德统一后位于魏玛的设计学院更名为魏玛包豪斯大学（Bauhaus-Universität Weimar）。她的成立标志着现代设计的诞生，对世界现代设计的发展产生了深远的影响，包豪斯也是世界上第一所完全为发展现代设计教育而建立的学院。

· 造型艺术

又称"空间艺术"或"视觉艺术"。是用一定的物质材料，通过构图、透视、用光等艺术手段，在一定空间中塑造直观形象，反映客观现实生活内容的艺术的总称，包括绘画、雕塑、摄影艺术、建筑艺术、工艺美术等。

· 路易斯·沙利文

路易斯·沙利文（Louis Sullivan），美国现代建筑（特别是摩天楼设计美学）的奠基人、建筑革新的代言人、历史折中主义的反对者。他使建筑师重新成为从事创造性工作的人物。他早年任职于芝加哥学派的建筑师——詹尼的事务所，后赴巴黎入艺术学院。1875 年，他返回芝加哥与艾德勒合组建筑事务所，设计的许多商业建筑，成为美国建筑史上的里程碑。芝加哥的会堂大厦（1889）是他的早期成熟作品之一。晚期的重要作品有芝加哥的施莱辛格与迈耶百货公司大厦，表现了他在建筑装饰中的最高成就。他认为，装饰是建筑所必需而不可分割的内容。经过仔细思考与和谐处理的具备装饰的建筑，不可能删除其装饰而无损于其个性。过去流行的看法好像装饰是可以随意取舍、可有可无的。他的装饰并不取材于历史程序，而是以几何形式和自然形式为基础，具有独特的风格。

· 梁思成

梁思成（1901—1972），广东新会人，中国著名建筑史学家、建筑师、城市规划师和教育家，一生致力于保护中国古代建筑和文化遗产，曾任中央研究院院士、中国科学院哲学社会科学学部委员。他系统地调查、整理、研究了中国古代建筑的历史和理论，是这一学科的开拓者和奠基者。曾参加人民英雄纪念碑等设计，是新中国首都城市规划工作的推动者，新中国建立以来几项重大设计方案的主持者，是新中国国旗、国徽评选委员会的顾问。在《建筑五宗师》书中与吕彦直、刘敦桢、童寯、杨廷宝合称"建筑五宗师"。

· 弗兰克·劳埃德·赖特

赖特被公认为世界上最伟大的建筑师之一，在他长达七十年的建筑生涯中，作品包括：东京帝国饭店、纽约古根海姆博物馆、宾州落水山庄及其他著名建筑。1923 年的东京大地震，城里的建筑物几乎全毁，唯一屹立不动的是帝国饭店，也算是建筑大师精心作品的一大考验。虽未受过正式学院训练，但是赖特所提出的"草原式风格"及"有机建筑"理论，创意独具。他的才华不仅表现在建筑外观上，还包括室内设计、家具、摆设，甚至女主人的衣饰，都出自他的巧思。在建筑领域里，他不仅是一位设计家，也是改革家、理论家及教育家。他对 20 世纪的影响力，同时代的建筑家无可比拟。今天，美国境内由赖特设计的建筑，已有 50 余幢改为纪念馆，供世界各地的赖特迷参观。由此可见，他的魅力十足，而且成就不同凡响。

· 草原风格

草原风格的房屋主要由砖、木头和灰泥建成，有灰泥的墙以及带窗框的窗户。草原建筑师强调水平的线条，修建起低矮的屋顶和宽阔、突出的屋檐。他们放弃精致的地板结构和环绕中央火炉的流线型室内空间的细节构建。由此得出的是低矮扩展开的建筑结构和通光良好的空间。它们同自然亲近，而不是同别的建筑混在一起。草原式住宅是为了满足资产阶级对现代生活的需求与对建筑艺术猎奇的结果。草原风格的代表人是美国建筑师赖特，该风格的其他艺术家包括埃尔姆斯利（1871—1952）和柏恩（1883—1967）。

· 有机建筑

有机建筑（organic architecture）是现代建筑运动中的一个派别，代表人物是美国建筑师赖特。这个流派认为每一种生物所具有的特殊外貌，是它能够生存于世的内在因素决定的。同样地，每个建筑的形式、它的构成，以及与之有关的各种问题的解决，都要依据各自的内在因素来思考，力求合情合理。这种思想的核心就是"道法自然"（赖特十分欣赏中国的老子哲学），就是要求依照大自然所启示的道理行事，而不是模仿自然。自然界是有机的，因而取名为"有机建筑"。

· 瓦尔特·格罗皮乌斯

瓦尔特·格罗皮乌斯（1883—1969），出生于柏林，毕业于慕尼黑工学院，德国建筑师和建筑教育家，现代主义建筑学派的倡导人和奠基人之一，公立包豪斯学校的创办人。格罗皮乌斯积极提倡建筑设计与工艺的统一，艺术与技术的结合，讲究功能、技术和经济效益。1937 年，格罗皮乌斯接受了美国哈佛大学的聘请，担任哈佛建筑研究院教授。1945 年，同他人合作创办协和建筑师事务所，发展成为美国最大的以建筑师为主的设计事务所。第二次世界大战后，他的建筑理论和实践为各国建筑界所推崇。

· 勒·柯布西耶

勒·柯布西耶（1887—1965，又译柯布西埃或柯比西埃），法国建筑师、城市规划师、作家、画家，是 20 世纪最重要的建筑师之一，是现代建筑运动的激进分子和主将，被称为"现代建筑的旗手"。他和瓦尔特·格罗皮乌斯、密斯·凡·德罗并称为现代建筑派或国际形式建筑派的主要代表。

第二章　美国的建筑艺术

1- 美国波士顿三位一体教堂

在美国，许多教堂是值得一看的，抛开宗教不谈，不仅可以欣赏建筑之美，同时也是对美国历史的了解。美国的教堂无处不在，宏伟的、精美的、古典的比比皆是，波士顿三一教堂最具代表性，这座古老的建筑已经历经了百余年，设计与修建得非常精美，是美国教堂建筑中的代表作。其实有许多教堂叫做三一教堂，纽约百老汇大街与华尔街交汇处也有一所著名的三一教堂。三一是指三位一体，基督教徒相信圣父、圣子和圣灵三位一体，因此有很多教堂称为三一教堂。中国的三一教堂也很多，甚至剑桥大学还有一个著名的三一学院。

波士顿三一教堂位于波士顿后湾的科普利广场，是美国圣公会马萨诸塞教区的一个堂区，创立于 1733 年，高达 26 公尺的尖塔是最显著的特征，玫瑰色砂岩的外观与铜雕大门曾让它风光一时。目前有约 3 000 户家庭，每个周日举行四场礼拜，从九月到第二年六月，周一至周五举行三次聚会。波士顿三一教堂在 1872 年被大火烧毁，现在看到的是重新设计于 1877 年建造完成的，红褐色砂岩墙体上刻有精细的浮雕，巨石拱门下配合青铜大门，高大的红顶塔楼，使这座建筑格外美观，1885 年被选为美国十大建筑之一，可见其建筑之精美。

虽然在其附近盖起高楼大厦，但也无法掩盖它的魅力，距离最近的是贝聿铭设计的 JohnHankock 大厦，从不同角度把教堂映入其玻璃帷幕之中，和平共处，相得益彰。三一教堂像所有著名的教堂一样，庄严、肃穆。特别是那两扇高高的大门，使到这里参观的人们似乎找到了心灵的归属，因为它旁边的保德信大楼玻璃墙面的完美反射，使这个被称为全美第一的三一教堂又有了新的观光点，也使得保德信大楼和它相映生辉。建筑师亨利·霍布森·理查德森将罗马绘画风格的元素融入美国当地建筑风格而创成了三一教堂，教堂外观各面的支柱上精美的雕工和随楼梯匍匐而上的长型拱门窗亦是三一教堂里值得一看的地方。 教堂里的壁画多由美国画家约翰·拉·法吉创作，画家将其绘画风格融入教堂内的彩绘玻璃上，使三一教堂成为理查德森和拉·法吉在艺术方面的重要代表作品。当这幢就好像从童话世界里走出来的建筑，被周围的高楼大厦、人流喧闹所包围的时候，你可能也会在这现代文明环绕间，体验这座百年古城曾经的岁月痕迹。

拍摄于波士顿三位一体教堂

拍摄于波士顿三位一体教堂

走世四季

微观美国建筑文化与艺术教育

拍摄于波士顿三位一体教堂

拍摄于波士顿三位一体教堂

微观美国建筑文化与艺术教育

2- 美国宾夕法尼亚州流水别墅

流水别墅是赖特最著名的设计作品——考夫曼别墅（流水别墅），建成于 1936 年，流水别墅被誉为"绝顶的人造物与幽雅的天然景色的完美平衡"，是"20 世纪的艺术杰作"。在美国宾夕法尼亚州的一个叫做"熊跑"的幽静峡谷中，在茂密的丛林掩映下，在清清的溪流和嶙峋石块间，这座房子从中心向各个方向伸展着、交错着，白色的巨大阳台凌空于水面之上，流水叮咚地从房子底下蜿蜒淌过，从平台下奔泻而出……

如果你有兴趣，还可以从大阳台上顺梯子往下爬，你在屋子里便已听到的潺潺流水声，此刻便在你的足下。你可以趴在岩石上，忘情地将手伸进溪水中，或者只是静静地坐着，什么都可以想，什么都可以不想。在这样的别墅中度假，该是怎样的画境，怎样的诗意，怎样的享受？这幢房子建成后就声名远扬，经常有人来此参观，人们称之为"流水别墅"或者"落水山庄"。悬挑的楼板在后边的石墙和自然山石中锚固。内部空间相互流通，一乘小梯与溪水联系。大胆的设计手法使之成为无与伦比的世界著名现代建筑。

建筑的外形显得自然、随意、舒展，主要房间与室外的阳台、平台以及道路，相互交织在一起，错落有致，亦取得与周围自然景色相融合的效果。建筑材料主要用白色的混凝土和栗色毛石。水平的白色混凝土平台与自然的岩石相呼应，而栗色的毛石就是从周围山林搜集而来的，有着"与生俱来"、自然质朴和野趣的意味。

不同凡响的室内使人犹如进入一个梦境，通往巨大的起居室空间之过程，正如经常出现在赖特作品的特色一样，必然先通过一段狭小而昏暗的有顶盖的门廊，然后进入反方向上的主楼梯，透过那些粗犷而透孔的石壁，右手边是交通空间，而左手边可进入起居室的二层踏步。赖特对自然光线的巧妙掌握，使内部空间仿佛充满了盎然生机，光线流动于起居室的东、南、西三侧，最明亮的部分光线从天窗泻下，一直通往建筑物下方溪流崖隘的楼梯。东、西、北侧呈围合状，相形之下较为暗，岩石铺成的地板上，隐约出现它们的倒影，流瀑在起居室空间之中，而从北侧及山崖上反射在楼梯上的光线显得朦胧柔美。在心理上，这个起居室空间的气氛，随着光线的明度变化，而显现多样的风采。

流水别墅这个建筑具有活生生的、初始的、原型的、超越时间的质地，为了越过建筑史的诸多流派，它似乎全身飞跃而起，坐落于宾夕法尼亚的岩崖之中，指挥着整个山谷，超凡脱俗，建筑内的壁炉是以暴露的自然山岩砌成的，瀑布所形成的雄伟的外部空间使流水别墅更为完美，在这儿，自然和人悠然共存，呈现了天人合一的最高境界。特别值得注意的是，瀑布上的大平台连带 1/3 的起居室都飞挑于瀑布之上，对于当时的工程技术而言，无疑是一大创举。从流水别墅的外观，我们可以读出那些水平伸展的地坪，要桥、便道、车道、阳台及棚架，沿着各自的伸展轴向，越过山谷而向周围凸伸，这些水平的推力，以一种诡异的空间秩序紧紧地集结在一起，巨大的露台扭转回旋，恰似瀑布水流曲折迂回地自每一平展的岩石突然下落一般，无从预料。整个建筑看

拍摄于宾夕法尼亚州流水别墅

拍摄于宾夕法尼亚州流水别墅

起来像是从地里生长出来的，但是它更像是盘旋在大地之上。这是一幢包含最高层次的建筑，也就是说，建筑已超越了它本身，而深深地印在人们意识之中，以其具象创造出了一个不可磨灭的新体验。

　　流水别墅的建筑造型和内部空间达到了伟大艺术品的沉稳、坚定的效果。这种从容镇静的气氛，力与反力相互集结之气势，在整个建筑内外及其布局与陈设之间。

　　在材料的使用上，流水别墅也是非常具有象征性的，所有的支柱，都是粗犷的岩石。石的水平性与支柱的直性，产生一种明的对抗，所有混凝土的水平构件，看来犹如贯穿空间，飞腾跃起赋予了建筑最高的动感与张力，例外的是，地坪使用的岩石，似乎出奇的沉重，尤以悬挑的阳台为最。然而当你站在人工石面阳台上，而为自然石面的壁支柱所包围时，对于内部空间或许会有更深一层的体会。因为室内空间透过巨大的水平阳台而延伸，衔接了巨大的室外空间——崖隘。赖特对于国际形式主义空谈机能主义的态度，浓缩地表现在由起居室通到下方溪流的楼梯。这个著名的楼梯，关联着建筑与大地，是内、外部空间不可缺少的媒介，且总会使人们禁不住地一再流连其间。

　　流水别墅可以说是一种以正反相对的力量在微妙的均衡中组构而成的建筑。也可以说是水平或倾斜穿杆或近几年推移的空间手法交错融合的稀世之作。

　　流水别墅的空间陈设的选择、家具样式设计与布置都独具匠心。同时考夫曼家人对这幢无价产业付出了爱和关切。他们以伟大的艺术品、家具、勤快的维护工作以及他们私人的物品来陪衬它。建筑永远是建筑师的作品，但却无法供给有关私人的物品。显然考夫曼却能够办到，并能够珍惜赖特的一切努力。

3- 美国纽约布鲁克林大桥

19 世纪中叶，纽约是当时世界上成长最快的城市，有人计划搭建有史以来最长的桥，联结曼哈顿与布鲁克林。最初提议建造纽约布鲁克林大桥的，是一位德国移民约翰·罗布林，他很早来到美国创业，曾是黑格尔的学生，后来成为建筑师。约翰·罗布林为建造大桥呼吁了 15 年，按照他的设计，布鲁克林大桥全长 1 600 米，是当时世界上最长的桥梁，也是全世界第一座斜拉式钢索吊桥。

1869 年，约翰·罗布林的布鲁克林大桥建造计划力排众议，得到了批准，但刚开工 3 个月，约翰·罗布林患破伤风不治去世，后由其儿子华盛顿·罗布林完成大桥的建设，那年小罗布林 32 岁。华盛顿·罗布林继承父志继续施工，从造桥一开始便坚持亲临现场，但是他长期在水下作业，3 年后因患潜水病全身瘫痪。两个桥桩都建完的时候，他的病情已相当严重，无法亲自到达工地现场。此后的华盛顿·罗布林也许是建筑史上最奇特的人，他每天在自家的窗台上用望远镜观看大桥的施工，然后口述各项指令，由他的妻子爱密莉记录后，转交给施工人员。他的妻子爱蜜莉为此不得不自学高等数学等各种工程技术，担任了护士和总工程师助理的双重角色。在大桥完工前一年，有人开始质问，将这样一项巨大的工程交给一个病人是否合适？甚至有人怀疑华盛顿·罗布林已经神志不清。董事会打算调换总工程师。他的妻子爱密莉发动市民支持自己的丈夫，并亲自向美国土木工程师协会发表演说。在工业重大工程这个男性的领域，女性发表演说还是第一次。演说之后，董事会投票表决，7：1 的结果使得华盛顿·罗布林继续担任总工程师的职务。1882 年，大桥建成通车时，当天有 15 万人次从桥面上走过，举行庆祝仪式，但小罗布林夫妇没有露面。他的建造者华盛顿·罗布林也从来没有踏上这座两代人用生命建造的大桥，他的妻子爱密莉受到董事会的表彰。

布鲁克林大桥建造投入了 2 500 万美元的资金，而此桥的工程期间中，除了约翰·罗布林以外，还有 20 名建筑工人丧命（桥塔上面的标志板是为了悼念他们而附设的），终于建成了这一座世界桥梁史上的丰碑。建成时，桥墩高达 87 米，是当时纽约最高建筑物之一。布鲁克林大桥启用后，它已成为纽约市天际线不可或缺的一部分，在 1964 年成为了美国国家历史地标。

布鲁克林大桥横跨纽约东河，连接着布鲁克林区和曼哈顿岛，1883 年 5 月 24 日正式交付使用。大桥全长 1 834 米，桥身由上万根钢索吊离水面 41 米，是当时世界上最长的悬索桥，也是世界上首次以钢材建造的大桥，落成时被认为是继世界古代七大奇迹之后的第八大奇迹，被誉为工业革命时代全世界七个划时代的建筑工程奇迹之一。在这座大桥庆祝百年华诞的时候，美国曾发行 1 枚 20 美分面值的邮票来纪念，展现了大桥的雄姿和风采。美国近代诗人哈特·克莱恩还专门为它写过一首长诗，诗名就叫《桥》。日落的时候，从布鲁克林沿着木道步行，可以观赏曼哈顿的高层建筑及美丽的街景，可以说是纽约旅游的最亮点。每年 7 月 4 号美国独立纪念日在此放烟火，这是布鲁克林大桥最美的时刻。

布鲁克林大桥是连接曼哈顿和布鲁克林最著名的一座大桥，桥上设有步行和骑行专用道，漫步在大桥上，船只在桥下经过，高楼林立的曼哈顿尽在眼前，傍晚时分落日余晖洒落在河面和远处的自由女神，不失为纽约最美的景致。布鲁克林方向大桥下是环境优美的公园，桥底的旋转木马也许会帮你找回童心，附近的丹波艺术区又能带你领略美国艺术家们的灵感与创意。走到曼哈顿地区，你可以前往中国城或小意大利区品尝美味，或是沿街走到繁忙的华尔街摸一摸带来财运的铜牛。这座大桥也是美国电影和电视剧中经常出现的场景，比如《破产姐妹》《绯闻女孩》《纽约黑帮》等剧。沿着步行道行走，还能看到世界各国文字的留言，如果你带着笔或者友好的问问身边的世界友人，不妨在这里留下最美好的心愿。布鲁克林大桥外观富丽典雅，高塔和铁索都是画家们竞相描绘的对象。这座桥与帝国大厦和昔日的世贸中心双子塔楼一道，一直是纽约的标志性建筑，而工程师罗布林一家两代三口人的传奇故事，更是给大桥增添了华美的光彩。

拍摄于纽约布鲁克林大桥

走过四季

微观美国建筑文化与艺术教育

拍摄于纽约布鲁克林
大桥

拍摄于纽约布鲁克林大桥

走过四季

微观美国建筑文化与艺术教育

拍摄于纽约布鲁克林大桥

4- 美国沃斯堡现代艺术博物馆

沃斯堡现代艺术博物馆竣工于 2002 年 10 月，建筑师是日本建筑师事务所安藤忠雄，博物馆位于美国德克萨斯州沃斯堡市郊外城市公园的一角，毗邻美国 20 世纪的巨匠路易斯·康设计的金贝尔美术馆。博物馆是一栋两层楼的建筑，站立在一大片铺满碎石的水池中。与路易斯·康一样，安藤忠雄也是素面水泥的爱用者，不过这栋建筑使用了大量的金属和玻璃，比较具有现代性。安藤忠雄的设计试图在严酷的气候条件下，创造一个沙漠绿洲，因此他首先从外部的水池和园林绿化设计开始着手。

别外，他还设计了随处可见的天井，夹在玻璃和混凝土之间的狭窄空间，这是一个可供给人们休憩的空间，人们可以从水池反射的柔和光线中，欣赏对岸的绿阴。同时针对金贝尔美术馆井然有序的构成以及具有柔和自然光线的展示空间，考虑用一种具有现代感的设计来继承它的空间性。

博物馆建筑由 5 栋平行排列的"箱体"为基本单位构成。"箱体"长短两边的比例与整个设计相呼应，全部采用混凝土和玻璃的双重表层构造。考虑到酷暑盛夏的强烈日照，各栋建筑全都设计了深深的挑檐。为了表现同样也是展示空间主题之一的"光"，设计了两种自然采光系统，既有赋予"箱体"空间以特性的高侧光，也有透过聚四氟乙烯膜洒向屋顶的柔光。这个设计的创意在于，夹在玻璃和混凝土之间的狭窄空间，实际上它是使放置展品的混凝土"箱体"的室内环境得以安定的过滤装置，同时也起到了缓和各展室独立性的作用。

沃斯堡现代艺术博物馆收藏有从 1945 年至今的近三千件作品，包括绘画、雕塑、视频、摄影和版画，涵盖所有主要的国际艺术风潮，其中包括毕加索和波拉克的名作。博物馆通过研究和出版，包括讲座、导游讲解、讲习班等各种教育项目来促进公众对于艺术以及艺术家的理解和兴趣。

拍摄于沃斯堡现代艺术博物馆

拍摄于沃斯堡现代艺术博物馆

拍摄于沃斯堡现代艺术博物馆

微观美国建筑文化与艺术教育

拍摄于沃斯堡现代艺术博物馆

拍摄于沃斯堡现代艺术博物馆

微观美国建筑文化与艺术教育

5- 美国洛杉矶华特·迪士尼音乐厅

华特·迪士尼音乐厅位于美国加州洛杉矶，是洛杉矶音乐中心的第四座建筑物，由普利兹克建筑奖得主法兰克·盖里设计。音乐厅建成以来，成为洛杉矶最引人注目的地标性建筑之一。当地以及许多美国以外的媒介常常撰文报道，"与法国的埃菲尔铁塔、伦敦的议会大厦一样，因为它无比奇妙和鲜明的个性，迪士尼音乐厅已经成为世界各地摄影爱好者最喜欢聚焦的建筑之一"。华特·迪士尼音乐厅其银色不锈钢外表，在阳光照射下熠熠生辉，犹如外星人用巨型银色钢块堆砌的雕塑，无疑是音乐厅建筑史上的奇迹。

华特·迪士尼音乐厅主厅可容纳 2 265 席，还有 266 个座位的罗伊·迪士尼剧院以及百余座位的小剧场。华特·迪士尼音乐厅采纳了日本著名声学工程师永田穗的设计，厅内没有阳台式包厢，全部采用阶梯式环形座位，坐在任何位置都没有遮挡视线的感觉。整个演奏厅都是用木质建造的，甚至根本不需要音箱就能从每个角度听到美妙的音乐，良好的音效广受赞誉。特别是，在舞台背后设计了一个 12 米高的巨型落地窗供自然采光，白天的音乐会如同在露天举行，窗外的行人过客也可驻足欣赏音乐厅内的演奏，室内室外融为一体，此一设计绝无仅有。此外，迪士尼音乐厅还附设一个可容纳 120 人的小厅，一个可容纳 600 人的儿童露天剧场。配套设施也很完备，设有小卖部、咖啡厅和餐厅以及有 2 000 个泊车位的地下停车场。

华特·迪士尼音乐厅是洛杉矶爱乐乐团与合唱团的团本部。2003 年此音乐厅落成时，包括地下停车场，造价已累积到 2 亿 7 千 4 百万美金，其中由迪士尼家族捐款 8 450 万美金，迪士尼公司捐款 2 500 万美金。相较于洛杉矶音乐中心的其他三栋建筑物（于 1960 年代建造，造价约 3 500 万美金），迪士尼音乐厅可以说是洛杉矶有史以来最昂贵的音乐厅建筑物。迪士尼音乐厅落成于 2003 年 10 月 23 日，造型具有解构主义建筑的重要特征，以及强烈的盖瑞金属片状屋顶风格。

拍摄于洛杉矶华特·迪士尼音乐厅

拍摄于洛杉矶华特·迪士尼音乐厅

拍摄于洛杉矶华特·迪士尼音乐厅

华特·迪士尼音乐厅落成后，引起不少是否破坏市容的纷议，且建筑学界亦质疑其内部空间是否提供音乐厅良好的声学效果与设计。但在几场音乐演出之后，与洛杉矶音乐中心另一栋重要音乐厅——桃乐丝钱德勒大厅相比，该音乐厅良好的音响效果是广受赞誉的。不能忽视的是，建筑师法兰克·盖里还精心设计了"一朵献给莉莉的玫瑰"——莉莲·迪士尼纪念喷泉。喷泉位于音乐厅屋顶的蓝丝带花园，是由上百件皇家代尔夫陶瓷花瓶与瓦片打碎成8 000多块碎片后，经8位陶瓷艺术家用高超的技艺贴拼完成。蓝丝带花园像是一个城市绿洲，视野极好，可以欣赏到好莱坞标志、洛杉矶中央图书馆，甚至是圣盖博山脉。到华特·迪士尼音乐厅参观，如同其他风景名胜古迹，春季、夏季、秋季、冬季景色各有魅力，也许只有身临其境，才能更加欣赏到建筑大师经典之作给人所带来的视觉震撼。

华特·迪士尼音乐厅正式落成时，其独特的外表引来的关注早已超过了音乐厅本身。它的厅内设计上，就是认为欣赏音乐是一种全面体验，并不仅局限于音响效果。因此在设计时充分考虑了演奏大厅内的视觉效果、温度以及座椅的感觉等因素。

华特·迪士尼音乐厅将功能和美学完美地结合在一起，金属片状的屋顶风格十分吸人眼球，成为洛杉矶市中心南方大道上的重要地标，电影《钢铁侠》《糊涂侦探》等都在这里取景。迪士尼音乐厅室内室外均有大量活动空间。毗邻蓝丝带花园的W.M. Keck基金儿童圆形剧场是华特·迪士尼音乐厅楼顶的亮点之一，设有350个露天座位，经常举办鼓乐和跟唱等适合全家观看的表演、互动艺术和文化活动。音乐中心的世界之城系列经常有国际艺术家通过舞蹈、音乐、歌唱和故事分享各国文化。观看完表演后，蓝丝带花园通常提供艺术工作室供儿童参加。建筑师盖里与风琴建造师Manuel Rosales以及Caspar Von Glatter-Gotz共同打造的华特·迪士尼音乐厅管风琴，设计独特，与其他音乐厅设备一样蜚声海外、独具匠心，本身就是耀眼的明星。

管风琴的木质管通常是暗藏设计，但音乐厅的道格拉斯冷杉琴管却突出在外、引人注目，和谐地融入观众席墙壁与天花板。弧形的琴管更是一个独特的设计元素。蓝丝带花园是华特·迪士尼音乐厅的楼顶花园，面积达半英亩，在音乐厅闪闪发光的外墙后，花开四季，苍翠繁茂。

拍摄于洛杉矶华特·迪士尼音乐厅

拍摄于洛杉矶华特·迪士尼音乐厅

拍摄于洛杉矶华特·迪士尼音乐厅

拍摄于洛杉矶华特·迪士尼音乐厅

· 亨利·哈柏森·理查德林

美国建筑师。将罗马绘画风格元素融入美国当地建筑风格而创成的理查德森罗马式建筑设计，是美国建筑史上的重要转折点。他与沙利文、赖特是美国建筑界公认的"三位一体"建筑大师。

· 美学

研究人对现实（特别是艺术）的审美（创造与欣赏）活动的特征和规律的科学。简言之，是探究审美规律的科学，也就是审美学。下属分支有"生活美学"（主要研究对生活美的审美规律）和"文艺美学"（主要研究对艺术美的审美规律）。美学研究的对象包括：人对现实的审美关系产生和发展的规律；美的本质、形态（自然美、艺术美、社会美等，内容美与形式美）与范畴（优美、丑、崇高、滑稽、悲剧性、喜剧性等）；文艺的美学特征，文艺创作与欣赏的规律（提供纲要，其具体细致的内容在下属的"文艺美学"中深广展开），审美意识的本质，美感的特征、产生与发展规律（提供纲要，其具体细致的内容在"审美心理学"中深广展开），审美理想、趣味、观点与标准，审美教育的特点与原则等。美学成为独立学科，至今只有 200 多年。中国自 1960 年起讨论美学研究对象，还没有一致的结论。主要有五种意见：①研究艺术的规律，等于艺术理论或艺术哲学；②研究美的规律，包括生活美和艺术美；③研究人对现实的审美关系，特别是艺术的本质和规律，包括审美意识的特点和规律；④研究形式美的规律；⑤研究美的哲学、审美心理学和艺术社会学。

· 环境美学

美学的一个分支。研究人类对生存环境的审美要求和审美规律。它研究什么样的环境能激起人的美感，影响人的身心健康、生产效率和心理情绪等。环境美学研究城市建设、公用设施、街道形式、城市绿化、住宅建筑的式样和布局，各种建筑（剧场、车站、礼堂、住房）的特点与布置等怎样才能符合人们的审美要求，城市、乡村应有怎样的总体设计才能使每一局部既有独特多样的美，相互间又能和谐统一，怎样才能避免现代工业发展与自然资源开发对风景区的污染，保持不同名胜区的特点；各种各样的环境的景观变化、空间组合如何符合美的规律等。环境美学要求人们的物质环境，首先满足人们的物质实用要求，同时满足审美鉴赏要求，两者密切联系，应达到实用、经济和美观的统一。物质环境包括自然环境、室外环境与室内环境。自然环境，包括旅游的风景区，有青山绿水和周围优美的建筑。室外环境，包括住宅周围的绿化、园林化，城市街心花园和马路中间的绿化长道中树木与花卉的安排，以及宽阔的街道、多样统一的建筑等。整个美化了的室外环境，应是人类创造的广义的艺术品。室内环境的布局、装饰、色彩、墙上挂贴的画幅等等，对于人们的心绪和感情也有巨大的影响。其间的审美原则和规律，也是环境美学研究的对象。环境美学作为一门新兴的学科，正日益受到重视。

· 彩绘玻璃

一种比较传统的工艺，是纯手绘彩绘玻璃工艺，彩绘玻璃和彩色玻璃最大的区别就在一个"绘"字上。凡是带"绘"字，意指"绘画"的意思。用毛笔或者其他绘画工具，按照设计的图纸或效果图描绘在玻璃上。它可以在有色的玻璃上绘画，也可以在无色的玻璃上绘画。以玻璃为画布，以特殊材料为颜料。经 3～5 次高温或低温烧制，便诞生了彩绘玻璃这种奇妙的产品，当用户面对那种无可比拟的灿烂时，不知道称它为装饰材料好，还是绘画艺术比较合适。特殊的制作工艺，使彩绘玻璃上的图案永不掉色，不怕酸碱的腐蚀，并易于清洁。

· 形式主义

指在艺术、文学与哲学上，对形式而非内容的着重。有形式主义行为的人，被称为"形式主义者"。

形式主义的思想根源和哲学基础是唯心主义和形而上学。它的理论和创作实践都置内容于不顾，而把形式强调到一种绝对化的程度。赫尔巴特的形式主义美学认为，美只能从形式来检验，即从构成美的个别因素和艺术作品形式之间的关系来检验。

· 审美观

人在社会实践活动（主要是审美活动）中形成的对美、审美和美的创造、发展等问题所持有的基本观点（包括标准、趣味和理想等），是世界观、人生观的重要组成部分。

· 和谐

人的审美对象中的重要审美属性之一。属于"优美"的审美范畴。审美对象（美的现实事物与艺术品）各组成部分之间处于矛盾统一之中，相互协调，多样统一的一种状态。其基本内涵有平衡（或对称），相互呼应和衬托，色彩的调和悦目等。

· 多样统一

形式美法则之一，又称"寓变化于整齐"。是对形式美中对称、平衡、整齐、对比、比例、虚实、宾主、变幻、参差、节奏等规律的集中概括。它是各种艺术门类共同遵循的形式法则。基本要求是，在艺术形式的多样性、变化性中，发现内在的和谐统一关系，使艺术形式既具有鲜明独特性，又表现出本质上的整体性，从而更充分地表现艺术内容。

· 主次

又称"主从""宾主"，形式美法则之一。指事物各形式因素之间，主体与宾体、整体与局部的呼应组合关系。主次关系的主要特征在于它具体体现形式美"多样统一"的基本规律，是艺术创造都必须遵循的法则。主要部分具有一种内在的统领性，次要部分则具有一种内在的趋向性。因此，主与次相比较而存在，相协调而变化。有主才有次，有次才能表示主，它们相互依存、矛盾统一。艺术作品中的主次关系既是艺术形式的构成法则，也是艺术内容的构成法则。

· 纽约苏荷区

纽约苏荷区原是纽约19世纪最集中的工厂与工业仓库区，20世纪中叶，旧厂倒闭，商业萧条，仓库空间闲置废弃。五六十年代，美国艺术新锐群起，各地艺术家以低廉租金入住该区，世界现代艺术史的大师级人物沃霍、李奇斯坦、劳森博格、约翰斯等都是那里的第一代居民。鼎盛时期，在这块面积、人口均不足纽约1%的地方，居住着纽约30%的艺术家群体。一些画商也在那里设立画廊，现在较出名的画廊都曾是从苏荷区开始发展起来的。苏荷区作为艺术区闻名于世，如今已发展成集居住、商业和艺术为一身的一个完善的社区，被誉为"艺术家的天堂"。特色酒吧和高档时装店为邻，艺术画廊和个性化的家居装饰品店并肩，是雅客、时尚青年和游客都不愿放过的重要时尚商业区和旅游景点。在这里世界最知名的品牌如香奈尔、路易威登等，早已登陆这块黄金区，但都无一例外地被这里的个性和艺术所渗透。苏荷区的独特之处在于它不是艺术区，艺术却无处不在。它是商业和艺术充分融合的区域，是富有个性的、有着深刻文化内涵的商业区，是时尚的代名词。

· 想象

想象是只存在于大脑中而不存在于现实生活中的虚幻的形象的行为或能力；创作荒诞形象的艺术能力，这个荒诞形象用以暗喻某些没有实现但同现实生活有联系或在现实生活中有意义的经历。

· 黑格尔

黑格尔（1770—1831），生活的时代略晚于康德，是德国19世纪唯心论哲学的代表人物之一。黑格尔出生于今天德国西南部巴登－符腾堡首府斯图加特，卒于柏林，去世时是柏林大学（今柏林洪堡大学）的校长。许多人认为，黑格尔的思想标志着 19 世纪德国唯心主义哲学运动的顶峰，对后世哲学流派，如存在主义和马克思的历史唯物主义都产生了深远的影响。更有甚者，由于黑格尔的政治思想兼具自由主义与保守主义两者之要义，因此，对于那些因看到自由主义在承认个人需求、体现人的基本价值方面的无能为力，而觉得自由主义正面临挑战的人来说，他的哲学无疑是为自由主义提供了一条新的出路。

· 安藤忠雄

日本建筑师，出生于兵库县鸣尾滨。安藤忠雄甚有传奇性，在成为建筑师前，曾当过职业拳手，其后在没有经过正统训练下成为专业的建筑师。安藤忠雄在大阪府立城东工业高校毕业后，前往世界各地旅行，并自学建筑。1969 年创立安藤忠雄建筑研究所。1976 年完成位于大阪府的"住吉的长屋"，该建筑是两层高的混凝土住宅，已显现其设计风格。其后获得日本建筑学会赏识。1995 年，安藤忠雄获得建筑界最高荣誉普利兹克建筑奖，他把 10 万美元奖金捐赠予 1995 年神户大地震后的孤儿。

· 路易斯 · 康

美国现代建筑师，生于爱沙尼亚的萨拉马岛，1905 年随父母移居美国费城，1924 年毕业于费城宾夕法尼亚大学，后进费城 J · 莫利特事务所工作。1928 年赴欧洲考察，1935 年在费城开业。1941—1944 年先后与 G · 豪和斯托诺洛夫合作从事建筑设计，1947—1957 任耶鲁大学教授，设计了该校的美术馆（1952—1954）。1957 年后又在费城开业，兼任宾夕法尼亚州立大学教授。

· 金贝尔艺术博物馆

金贝尔艺术博物馆位于美国德克萨斯州沃斯堡，于 1972 年建成，是由建筑设计大师路易斯 · 康设计的。该艺术博物馆是世界公认的公共艺术设施最为先进的艺术博物馆，路易斯 · 康的杰出设计理念在建筑设计界引起极大反响，受世人瞩目。在一个空旷而景色优美的公园之中，一组优美的拱形桶状建筑相连，形成博物馆的主体形态，连绵起伏的圆形的拱形屋顶散发着古典主义气息，建筑的外观形象矗立的娴静、简朴，展现典雅风情的现代手法正是路易斯 · 康独特的个人风格。尽管这座博物馆是以混凝土修筑，但并不显笨重，这要感谢 16 个成平行线排列的系列拱状建筑单位。40 年来，金贝尔艺术博物馆一直在完善自己的艺术藏品，形成自己的文化风格。它的早期藏品包括莫奈的《退潮时的海威》及贝里尼的《基督赐福》等作品；后来，该馆又引进了不少亚洲、非洲，甚至美洲前哥伦比亚时期的艺术作品。金贝尔艺术博物馆也被称为美国最富有的博物馆之一，为了保证藏品的质量水准，博物馆基本上不接受捐赠的艺术品，宁愿自己花钱一件一件选购，每年用于购藏艺术品的经费达 1 500 万美元。

· 迪士尼

全称为 The Walt Disney Company，取名自其创始人华特 · 迪士尼，是总部设在美国伯班克的大型跨国公司，主要业务包括娱乐节目制作、主题公园、玩具、图书、电子游戏和传媒网络。

第三章　美国艺术博物馆的公共教育

1- 博物馆的定义和历史演变

　　汉语中的"博物馆"一词译自英文的"Museum"。根据 1971 年版的《牛津英文大字典》解释，这一词的含义是"缪斯的所在地"。法国学者比代在《希腊语－拉丁语词典》中将博物馆一词解释为"供奉缪斯、从事研究之处所"。这一概念在古典文化中意味着热爱知识而冥思苦想，因而也成为丰富知识的象征。正因为如此，它在当时有着比今天更为广泛的内涵。亚历山大博物院在"Mouseion"这一概念下所从事的几乎囊括了现代社会主要文化教育机构的全部活动，包括大学、研究院、图书馆、档案馆和收藏室。就其本意来说，这个词指的是"大学建筑物"，是"用于追求治学和学艺的大楼或房舍"，即由教授们用于研究、写作和讲课的场所。在这座大学里，设有为教学和科研服务的实验室、图书馆、档案室和收藏室，收藏的物品包括动植物标本、美术品和国内外的珍贵物品，此外还有动物园和植物园等。可见，古典的博物馆概念所指的是广泛而集中地进行科学研究和知识传播，具有高度综合性的文化。

　　在欧洲经历了长达近十个世纪后，到文艺复兴时代，"Mouseion"这一概念又重新回到人们的生活中：首先出现在佛罗伦萨梅蒂奇家族的收藏中，继而又被用来称呼第一座具有近代意义的博物馆——牛津大学阿什米尔博物馆。所以，如果从词源学的角度考察，正是这类有价值、有纪念意义物品的收藏机构继承了"博物馆"这一富有诗意的名字。这是 17 世纪后半叶的法律文件对"博物馆"一词的解释是：一个"贮存和收藏各种自然、科学与文学珍品或趣物或艺术品的场所"。由此可见，博物馆已经专门被看做是为了收藏品的安全和保护的目的而营造的建筑。

　　一座通常意义上的博物馆应该由这样一些基本的要素构成：一定量的藏品，一定的设施和设备，一定的工作人员以及持续向公众开放。但是，当我们着手给博物馆下一个能够被普遍接受的定义时就会发现，比起为诸如图书馆、档案馆、学校或研究所等机构下定义，要困难得多。博物馆的藏品不像图书馆的图书或档案馆的档案那样单纯，甚至有依然活着的动物和植物；同样，博物馆的建筑也是形形色色的。

拍摄于费城艺术博物馆

走过四季
微观美国建筑文化与艺术教育

拍摄于费城艺术博物馆

拍摄于华盛顿国立美术馆

拍摄于华盛顿国立美术馆

拍摄于美国国家美术馆

拍摄于大都会艺术博物馆

微观美国建筑文化与艺术教育

拍摄于芝加哥艺术博物馆

　　首先是形态的多样化。面对如此纷繁多样的形态，一个统一简明的博物馆定义很难全面而准确地概括它们的共同本质。

　　第二是其职能的多重性。到现在，博物馆已经发展成一种多功能的文化设施，它可以是一个收藏中心、研究机构，也可以是一种传播知识的学校，或是一个提供娱乐的场所。曾任美国博物馆协会主席的诺布尔把博物馆的功能归结为5个方面：收集、保管、研究、解释和展览。而荷兰的博物馆学家门施则将其进一步归纳为三点：收藏、研究和传播。

第三，区域性的文化特征与意识形态的差异也是统一的博物馆定义的某种障碍。博物馆作为一种上层建筑，不可避免地会带有某种意识形态的色彩。许多国家都把博物馆看做民族文化特征的象征，是保护和捍卫民族文化特征的重要手段。各个国家、民族，由于文化传统和政治、经济制度不同，往往根据自己的国情和需要来制定自己的定义。虽然国际博协竭力保持不同文化背景的博物馆人的接触，并将博物馆广泛引入世界，但这绝非易事。

第四，则是博物馆内涵与外延的历史性变化。一方面，许多原先具有相似特征但并不属于博物馆范畴的机构被包括进来，从而使其外延不断扩大；另一方面，博物馆的社会功能也在变化着，从过去的以收藏为主转化为今天以收藏、研究和教育并重。从1946年到1974年共召开了十一届大会，几乎每一届都对博物馆的定义展开辩论并作出修改。我们现在看到的博物馆定义，是1974年在哥本哈根召开的第十一届国际博物馆协会为博物馆制定的：博物馆是一个不追求营利，为社会和社会发展服务的，公开的永久性机构。它为研究、教育和欣赏的目的，对人类和人类环境的见证物进行收集、保护、研究、传播和展览。尽管这一定义并不是完美的，甚至有人认为它所解决的问题和所引起的问题一样多，但它基本上受到了各国和各学派的认可，并成为许多国家制定本国博物馆定义的基础。

中世纪，历史文物、艺术珍品及珍稀的自然标本等大都收藏在皇家宫廷、私人官邸、教堂修道院或大学里。欧洲文艺复兴时期，意大利佛罗伦萨出现了第一座专为收藏美术品而设计的房屋建筑，即今乌菲齐美术馆。1683年英国创建了第一个向公众开放的阿什莫尔艺术和考古博物馆。1793年法国国民议会决定将路易王朝在卢浮宫的收藏品向公众展出，这是利用旧建筑开办公共博物馆的开端。1870年成立于纽约的美国大都会艺术博物馆、1897年建立的芝加哥艺术博物馆、伦敦的国家美术馆、巴黎的国立自然历史博物馆、美国自然历史博物馆、芝加哥科学与工业博物馆等的建筑平面、立面，不是宫殿式就是希腊神庙式。从现代博物馆使用的要求来衡量，这类馆舍建筑使用上存在着的缺陷是很明显的，如功能分区不明确、人流路线组织不合理、层高过高、采光照明和藏品保管条件差、辅助用房不足等。

现代博物馆学理论的发展对博物馆建筑提出了新的功能要求，博物馆建筑设计也接受了现代建筑原则，一切以使用效果为前提，从而根本改变了博物馆建筑理论。在现代建筑理论影响下，新建的博物馆出现了一大批具有大量实墙面、条形采光口，或玻璃幕墙的具有个性特征的博物馆建筑。20世纪50年代末至70年代，涌现了一批有划时代意义的著名博物馆建筑，例如路易斯安娜现代艺术现代艺术博物馆（丹麦，哥本哈根）、巴黎乔治·蓬皮杜国家艺术文化中心、"苏联"莫斯科国家画廊、华盛顿国立美术馆东馆、国家航空和航天博物馆等。这些新颖的博物馆建筑除了使用功能完善，且有良好的现代化设施外，建筑设计趋向于与环境结合，使博物馆建筑与城市街道、广场、公园相互融合，既美化了城市，也美化了博物馆内外部的视觉环境。

博物馆事业的高度社会化，促进了现代博物馆在保存、展览、研究、教育、文化休息、游览观光等方面向综合、多功能化方向的发展，现代博物馆建筑中增设了许多诸如公共餐厅、咖啡厅、博物馆商店、公共图书馆、视听室、讲演厅等，使博物馆建筑与城市生活相联系、与城市环境相融合成为现代博物馆建筑设计的发展趋向。

在现代博物馆中，有些馆由于其自身的性质特点和历史的原因，只能建在古建筑中才能体现其历史的、艺术的、科学的价值，如果离开了这些古旧建筑就会削弱博物馆的纪念价值。但由于旧建筑自身具有的历史性、艺术性，往往与合理使用的功能要求之间有矛盾，因而产生了改造旧建筑的动议。这类改造常常是结合博物馆增建、扩建同时进行的，通常的做法是：在力图保持建筑物原有外貌前提下，改造内部装修，拆除或遮蔽雕饰彩画，增加或改变隔墙位置，加装吊顶，降低展室层高，遮蔽采光口，改善照明设计，加设空气调节机，使展出的视觉环境适合表现展品内容。

拍摄于芝加哥艺术博物馆

2- 对博物馆概念的理解

现行的博物馆定义是在各国博物馆学家长期探索的努力中产生的，它在很大程度上代表了人们对博物馆性质和功能的一般看法，也反映了博物馆观念渐趋成熟的变化。现代博物馆的观念是公共博物馆诞生以来，历经数世纪漫长岁月发展起来的，而现行的定义正是对这一观念的集中反映。它基本准确地揭示了现代博物馆的性质、功能和目的，揭示了博物馆在现代文化生活中的地位及其与社会的关系。

(1) 关于"不追求营利"

古代希腊神庙的参观有时是需要付门票费用的，但数额很小。近代意义的公共博物馆诞生以来，尽管还有一些博物馆免费向公众开放，但大多数博物馆是向观众收费的。各种博物馆并没有统一的收费标准，但对于大多数博物馆来说，门票收入主要用于弥补经费不足。长期以来，人们都把博物馆看做是公共的文化设施，所以，国际博物馆学会在博物馆的定义中将博物馆规定为一种"不追求营利"的永久性机构。

"不追求营利"究竟是什么含义呢？在美国和欧洲，博物馆的经费主要来自国家拨款和社会资助，包括企业财团、社会团体和各种基金会等的捐赠。所以，博物馆的基本职责是利用国家税收和社会资助为社会的文化建设服务，而不是为了获得赢利。这就是博物馆"不追求营利"的依据。然而，另一方面，许多原因导致了博物馆财政压力的增加，包括博物馆数量不断增加引起的对资金需求的增长，藏品（尤其是艺术品）收购、维护、保险和布展所需的越来越大的经费投入等，资金短缺已成为博物馆共同面临的问题。在这种情形下，它们根据自己的实际可能性想方设法开拓财源。在美国，增加收入的方法包括吸引更多的观众、通过发展计划寻求经费上的援助、创办博物馆商店和餐厅，还有一些博物馆举办巡回展览和在国外开设分馆。与企业经营所不同的是，在这里，增加收入是维持自身生存和发展的一种手段，而不是经营的目的，博物馆经营的收入用于投入博物馆建设。

(2) 关于"为社会和社会发展服务"

博物馆定义中所提出的"为社会和社会发展服务"，是对几个世纪以来博物馆社会化运动的总结，标志着博物馆界终于开始正确认识到自己与社会的关系。在 1960 年，国际博物馆协会为博物馆下的定义是：博物馆是一种为公众兴趣而设置的永久性机构，旨在通过各种方法，特别是对公众展示一组组具有娱乐性、知识性而且具有文化价值的器物和标本：诸如艺术、历史、科学和技术方面的收藏以及植物园、动物园和水族馆皆是，以达到保存、研究和提高之目的。

拍摄于华盛顿国立美术馆东馆

拍摄于华盛顿国立美术馆东馆

走过四季

微观美国建筑文化与艺术教育

拍摄于美国国家航空和航天博物馆

拍摄于费城艺术博物馆

    在这里，我们就看不到任何关于博物馆与社会关系的本质概括，事实上，一直到 1971 年，才在博物馆定义中出现这一内容。赫德森将 1971 年的定义与 1957 年的定义进行比较后指出，最重要的变化是加上了"为社会服务"的内容。博物馆的发展历史告诉我们，它在每一个历史阶段，都与社会政治、经济、文化的变动密切相关，受到社会各种运动的影响。近代博物馆正是在文艺复兴、自然科学兴起、启蒙运动、资产阶级革命和工业革命等一系列社会运动的推动下发展起来的。

    博物馆定义中的"为社会和社会发展服务"，一方面是对博物馆在 20 世纪社会化发展的总结，同时又将它作为博物馆进一步发展的原则和目标。这种责任感和使命感是可以通过一个博物馆的收藏政策、展览指导思想和对开展教育活动的态度这样一些具体工作窥见的。博物馆为公众的利益而存在，其运作的各个方面都应该反映出这一点。因此，博物馆的收藏、保存、资料及研究都是为了公众的目的。而在具有公共责任的地方，恰当管理的需要就更加关键，这是一个公共责任的问题。只有明确了这种公共责任，展开市场调查，切实了解社会公众的愿望，博物馆才能真正做到"为社会和社会发展服务"。

(3) 关于"为研究、教育和欣赏的目的"

把博物馆的目的定义为科学研究和知识教育，不会产生任何的疑义。美国在 20 世纪 70 年代为博物馆所下的定义是：一个有组织的，保管并利用实物，定期向公众展出，以教育和审美为主要目的的永久性非营利机构。在这里，审美被赋予了崇高的地位。一般而论，欣赏具有两种不同的形式，一种是指专门用于欣赏的展览，诸如美术馆，另一种则泛指所有陈列的审美价值和可欣赏性。

事实上，无论在理论上，还是在实际的展览布置中，单纯强调教育而忽略审美、欣赏和娱乐，是我国博物馆展览中比较普遍的现象。究其原因，一方面或许与我国传统的教育思想有关，另一方面，则可能与我们长期采用的陈列体系有关。

(4) 关于"人类和人类环境的见证物"

随着博物馆的现代发展，博物馆的收藏政策也出现了从"藏珍"向"为教育服务"的转变。这种收藏目的和动机的变化，也在很大程度上变更了藏品的内容：传统的、具有较高经济和艺术价值的藏品的相对比例在减小，而那些并没有特殊经济和艺术价值，但能够帮助人们认识自己及其环境的物品却受到了前所未有的重视。这一切都说明了教育越来越成为现代博物馆的中心职能。科学研究和教育的最终目的是为了让人类了解自己及其环境。为达此目的，实物的证据比逻辑推导更具有权威性，更令人信服。正是这一点，确定了博物馆在现代社会中进行科学研究和科学教育的鲜明特征和巨大优势。为达此目的，现代博物馆必须把科学研究和知识传播作为收藏政策的目的，以该物品是否具有证明人类活动和人类环境的能力作为入藏的依据。在这一点上，瑞典博物馆收藏政策的转变颇具代表性。这个国家传统的收藏方针是——越古老的东西越受到重视，收集的越完整，而改变后的收藏政策则提出了四个优先：现、当代藏品较历史藏品优先；活的东西较死的东西优先；日常器物较典雅器物优先；有代表性的东西较精品优先。可见，新的收藏标准不再局限于经济和艺术价值，而是取决于该物品作为人类及其环境见证人的身份和能力。与"文物""标本"这样具体的概念相比，"人类和人类环境的见证物"的概念不仅扩大了收藏的范围，改变了收藏的方向和内涵，更为重要的是，它把"聚敛"的意识转换成"认识与传播"的意识，并把传统的对"物"的关怀转移到对"人"的关怀方面，包括人的认识和人的利益，从而更正确地反映了现代博物馆与人类生存的关系。

拍摄于金贝尔美术馆

拍摄于金贝尔美术馆

拍摄于旧金山笛洋艺术馆

微观美国建筑文化与艺术教育

拍摄于纽约现代艺术博物馆

3- 美国艺术博物馆的建筑组成与建筑设计原则

美国艺术博物馆建筑的组成内容因馆的性质、规模不同而有差异。根据博物馆的共性，建筑组成可划分为 4 个功能分区：

（1）陈列、展览、教育与服务分区。

（2）藏品库分区。

（3）技术工作分区。

（4）行政与研究办公分区。

第一分区系博物馆对外开放的区域，由门厅、基本陈列室、临时（专题）展览厅、教室、讲演厅、视听室、休息室、餐厅等组成。陈列室为博物馆建筑的主体之一，在建筑总面积中占有相当大的比例。第二分区为藏品库区，由库前区和藏品库两大部分组成。库前区包括卸落台、开箱室、登录室、清理室、消毒室、编目与目录室等组成。按博物馆保管工作惯例，藏品是分类保管的，所以又有青铜器库、陶瓷器库、书画库、织绣库等的区分。第三分区为技术工作区，州级以下的小型博物馆根据需要有时只设置简易的装裱室或修复室。自然科学博物馆须设置标本制作室、化石修理室、模型制作室等技术工作用房。第四分区为行政与研究办公区。有办公室、接待室、会议室、物资储存库房、保安监控室、职工食堂、设备机房等组成；研究工作用房由研究室和图书资料室组成。

博物馆建筑设计必须满足全面发挥社会、经济、环境三大效益的要求，因而建筑设计必须符合博物馆工艺设计，并要求做到建筑艺术与建筑功能的统一。

拍摄于纽约现代艺术博物馆

4- 当代美国艺术博物馆教育的特点

特点一：教育功能凸显化，教育使命明确化。博物馆是一个为社会及其发展服务的、向公众开放的非营利性常设机构，为教育、研究、欣赏的目的征集、保护、研究、传播并展出人类及人类环境的物质及非物质遗产。

特点二：教育体系完善化，教育项目经典化。对公众进行全面的了解和分析，把教育对象进行细化，了解他们不同的文化需求，针对不同人群设计不同的教育项目，提供类型丰富、形式多样、富有吸引力的教育项目。

拍摄于美国国家艺术画廊

拍摄于纽约大都会艺术博物馆

特点三：教育人员专业化，教育理念先进化。教育人员专业素质高，分为讲解员和教育员（或者公共项目主管），对其不同的职责、应具备的教育程度、工作经验、知识、能力和技巧都有明确的要求。

拍摄于费城艺术博物馆

拍摄于纽约大都会艺术博物馆

拍摄于纽约大都会艺术博物馆

特点四：教育手段现代化，网络教育普及化。建立本馆自己的网站，也与其他相关机构合作建立网站。合作对象多元化，合作程度深入化。博物馆教育合作网站分为馆内合作和馆外合作两个方面。

拍摄于纽约大都会艺术博物馆

拍摄于纽约大都会艺术博物馆

5- 美国艺术博物馆公共教育的启示

美国的众多博物馆都拥有来自全世界的奇珍异宝，其数量之大、精品之多常常令人叹为观止。当我们徜徉在人类积累于此的灿烂文明、辉煌历程中时，你所受到的教育是来自于全身心的。在拥有丰富藏品的基础上，博物馆的教育功能愈发彰显，这成为当代美国博物馆发展的重要特征。博物馆和美术馆在结构转型的社会背景下，它的一个重要目标是迈向真正的公共性。所以，美术馆在一个国家可以成为文化成就的象征，成为精神价值的象征系统，形成了自己的特色并创造了诸多"世界之最"。

例如：布鲁克林儿童博物馆是世界上第一家专门面向儿童的博物馆（1899年），宾夕法尼亚博物馆是世界上最早开办博物馆培训课程的博物馆（1908年），波士顿美术博物馆是世界上第一家设立讲解员的博物馆，伊利诺伊大学的克兰勒特艺术馆是全世界第一家在国际互联网上建立网站的博物馆。不难发现，美国博物馆的这些"世界之最"都与教育有关。1880年，美国学者詹金斯在其《博物馆之功能》一书中明确指出：博物馆应成为普通人的教育场所。1906年，美国博物馆协会成立时就宣言"博物馆应成为民众的大学"。1990年，美国博物馆协会在解释博物馆的定义时，将"教育"与"为公众服务"并列视为博物馆的核心要素。美国博物馆协会的首席执行官埃博认为："博物馆第一重要的是教育，事实上教育已经成为博物馆服务的基石。"由于美国长期以来十分重视艺术教育，例如：哈佛大学从很早开始就要求其政治、法律、商业等专业的学生必须选修音乐、艺术、文学等限制性选修课，使其毕业生无论从事政治、法律还是商业，均具有较高的文学、艺术修养，他们不仅经常在博物馆的氛围中受到熏染，而且构建起了自我鉴赏作品的方法。不仅如此，美国的绝大部分博物馆和美术馆都有着力量强大的教育部门。这些教育部门除了拥有固定的有着高学历的教育及艺术史论背景的教育人员，同时还拥有一只庞大的义工团队。教育部门的导赏员会针对不同的人群和对象运用不同的作品阐释及解说方法。除此之外，博物馆和美术馆还积极地与学校、社区合作，构建一些美术教育课程，提供相应的体验场所和学习空间。

正是由于对儿童教育的重视，美国博物馆被视为"儿童最重要的教育资源之一和最值得信赖的器物信息资源之一"。在纽约大都会艺术博物馆和古根海姆博物馆，馆方专门为不同年龄段的儿童提供与之相应的美术教育课程，甚至于学校当中的部分课程也可直接在博物馆中进行，馆员与教师之间形成了非常紧密和谐的关系，互通有无，共同为孩子的成长和发展搭建良好的平台。美国博物馆对儿童的重视获得了丰硕的回报，不仅在一定程度上改变了国民教育思想，从小培养了国民的创新意识，而且许多博物馆的捐赠者都是从小经常去博物馆并对博物馆拥有美好回忆的人。事实上，当代美国博物馆不仅是收藏中心，也是文化中心、教育中心、学术中心，还是休闲中心和娱乐中心。《华盛顿邮报》称：当代美国，没有任何别的场所能像今天的博物馆一样把各种不同的人聚集到一起。

拍摄于旧金山艺术博物馆

拍摄于纽约现代艺术博物馆

　　中国博物馆在这样的国际大背景下也开始重视博物馆服务功能的发挥，并在实践中取得了较大进步，但服务理念、服务设施和服务项目三方面，仍然存在着不足之处。

　　中美艺术博物馆教育之间的差距：

　　（1）很多博物馆未能将公共服务与教育功能视为自己的核心工作，更谈不上明确概述自己的教育使命。

　　（2）还处于粗放式的发展阶段，还没有形成一个科学完善的教育体系，更缺乏常年的经典的教育项目。

　　（3）社教队伍的素质偏低和人才结构不合理，主要表现在：入职门槛低、对专业无要求、培训内容片面。

　　（4）岗位分工不够专业化，也没有细分。

　　（5）教育模式比较单一。

　　（6）在馆内，没有真正形成"博物馆教育人人有责"的这种"大教育"的理念。

　　（7）与外部进行的合作比较少，更缺少合作的多元性、持久性、深入性和有限性。

　　（8）教育手段的科技化程度有待普及和提高。

拍摄于纽约现代艺术博物馆

拍摄于纽约现代艺术博物馆

■ 人文知识点

· 博物馆

博物馆是征集、典藏、陈列和研究代表自然和人类文化遗产的实物的场所，并对那些有科学性、历史性或者艺术价值的物品进行分类，为公众提供知识、教育和欣赏的文化教育的机构、建筑物、地点或者社会公共机构。博物馆是非营利的永久性机构，对公众开放，为社会发展提供服务，以学习、教育、娱乐为目的。

· 艺术博物馆

包括绘画、雕刻、装饰艺术、实用艺术和工业艺术博物馆。也有把古物、民俗和原始艺术的博物馆包括进去的。有些艺术博物馆还展示现代艺术，如电影、戏剧和音乐等。

· 历史博物馆

包括国家历史、文化历史的博物馆，在考古遗址、历史名胜或古战场上修建起来的博物馆也属于这一类。墨西哥国立人类学博物馆、秘鲁国立人类考古学博物馆是世界著名的历史博物馆。

· 科学博物馆

包括自然历史博物馆。内容涉及天体、植物、动物、矿物、自然科学，实用科学和技术科学的博物馆也属于这一类。英国自然历史博物馆、美国自然历史博物馆、巴黎发现宫等都属此类。

· 特殊博物馆

包括露天博物馆、儿童博物馆、乡土博物馆，后者的内容涉及这个地区的自然、历史和艺术。著名的特殊博物馆有布鲁克林儿童博物馆、斯坎森露天博物馆等。国际博物馆协会将动物园、植物园、水族馆、自然保护区、科学中心和天文馆以及图书馆、档案馆内长期设置的保管机构和展览厅都划入博物馆的范畴。

· 博物馆学

博物馆学是研究博物馆的性质、特征、社会功能、实现方法、组织管理和博物馆事业发展规律的科学。一般而言，博物馆学既研究微观的博物馆系统，又研究宏观的博物馆事业。但其中微观的博物馆系统是博物馆学研究的核心。

· 缪斯

缪斯是希腊神话中主司艺术与科学的九位古老文艺女神的总称。她们代表了通过传统的音乐和舞蹈，即时代流传下来的诗歌所表达出来的神话传说。后来人们将奥林匹斯神系中的阿波罗设立为她们的首领。在《荷马史诗》中，缪斯有时是一个，有时为数个，均未提及个人名字，只说她们喜爱歌手，给予他们鼓励和灵感。赫西俄德在其《神谱》中说，她们是众神之王宙斯和提坦女神的记忆女神谟涅摩叙涅所生育的九位发束金带的女儿。阿尔克曼则认为她们要比宙斯古老，她们是乌拉诺斯和盖亚的 3 个女儿。

· 宙斯

宙斯是古希腊神话中第三代众神之王，奥林匹斯十二神之首，统治宇宙的至高无上的主神（在古希腊神话中主神专指宙斯），人们常用"神人之父""神人之王""天父""父宙斯"来称呼他，是希腊神话里众神中最伟大的神。与罗马神话的朱庇特（Jupiter 或 Jove）是同一神祇。

· 亚历山大博物馆

亚历山大博物馆是设在埃及亚历山大的古代经典学术中心，是世界第一所博物馆。该馆是一所组织成系别的由一名教长领导的研究机构，有著名的图书馆，建于皇宫附近，可能是由托勒密二世于公元前 280 年左右建成，或是由其父托勒密一世所建造。

· 文艺复兴

文艺复兴是盛行于 14 世纪到 17 世纪的一场欧洲思想文化运动。文艺复兴最先在意大利各城市兴起，以后扩展到西欧各国，于 16 世纪达到顶峰，带来一段科学与艺术革命，揭开了近代欧洲历史的序幕，被认为是中古时代和近代的分界。文艺复兴是西欧近代三大思想解放运动（文艺复兴、宗教改革与启蒙运动）之一。在 14 世纪城市经济繁荣的意大利，其市民和世俗知识分子，一方面极度厌恶基督教的神权地位及其虚伪的禁欲主义，另一方面又没有成熟的文化体系取代基督教文化，于是他们借助复兴古代希腊、罗马文化的形式来表达自己的文化主张，这就是所谓的"文艺复兴"。

· 美第奇家族

美第奇家族是意大利佛罗伦萨的著名家族，创立于 1434 年，1737 年因为绝嗣而解体。在欧洲文艺复兴中起到了非常关键的作用，其中科西莫·美第奇和洛伦佐·美第奇是代表人物。

· 上层建筑

上层建筑是指建立在一定经济基础之上的以生产关系为核心的社会关系之和。它包括阶级关系（基础关系）、维护这种关系的国家机器、社会意识形态以及相应政治法律制度、组织和设施等。上层建筑与经济基础对立统一。

· 形态

形象词，形式或状态。指事物存在的样貌，或在一定条件下的表现形式。"形态"是可以把握的，是可以感知的，或者，是可以理解的。

· 意识形态

意识形态属哲学范畴，可以理解为对事物的理解、认知，它是一种对事物的感观思想，它是观念、观点、概念、思想、价值观等要素的总和。意识形态不是人脑中固有的，而是源于社会存在。人的意识形态受思维能力、环境、信息（教育、宣传）、价值取向等因素影响。不同的意识形态，对同一种事物的理解、认知也不同。

· 乌菲齐美术馆

亦可译作乌非兹美术馆，是世界著名绘画艺术博物馆。在意大利佛罗伦萨市乌菲齐宫内。乌菲齐宫曾作过政务厅，政务厅的意大利文为 uffizi，因此名为乌菲齐美术馆。以收藏欧洲文艺复兴时期和其他各画派代表人物，如达·芬奇、米开朗基罗、拉斐尔、丁托列托、伦勃朗、鲁本斯、凡·代克等作品而驰名，并藏有古希腊、古罗马的雕塑作品。而对于艺术爱好者来说，乌菲齐美术馆无疑是这座"鲜花之城"中的最为瑰丽的奇葩（"佛罗伦萨"在意大利语中的意思是"鲜花之城"）。

· 卢浮宫

卢浮宫位于法国巴黎市中心的塞纳河北岸，位居世界四大博物馆之首。卢浮宫始建于 1204 年，是法国文艺复兴时期最珍贵的建筑物之一，以收藏丰富的古典绘画和雕刻而闻名于世。卢浮宫博物馆历经 800 多年的扩建重修达到今天的规模，占地约 198 公顷。1793 年 8 月 10 日，卢浮宫艺术馆正式对外开放，成为一个博物馆。卢浮宫藏有被誉为世界三宝的断臂维纳斯雕像、《蒙娜丽莎》油画和胜利女神石雕，拥有的艺术收藏达 40 万件以上，包括雕塑、绘画、美术工艺及古代东方、古代埃及和古希腊罗马等 6 个门类。卢浮宫已成为世界著名的艺术殿堂，最大的艺术宝库之一，是举世瞩目的万宝之宫。

· 路易斯安娜现代艺术博物馆

收藏来自于第二次世界大战以后的几年里，其中主要包括考布阿画组和结构主义画派的作品。通过举办不同流派和风格各异的艺术展览，博物馆希望能探索出现代艺术发展的潮流和走向。除了传统意义上的绘画和雕塑作品，路易斯安娜现代艺术博物馆也致力于电影、音乐、戏剧和文献的收藏和展览，但绘画艺术作品依然是博物馆的主要收藏。与其他博物馆相比，路易斯安娜现代艺术博物馆的一个主要特色是，游客在游览了博物馆的室内收藏之后，可以到室外的大自然中，去尽情享受另一种美好的收藏。

· 不列颠博物馆

不列颠博物馆是大型历史文物博物馆，位于伦敦鲁塞尔大街，主要建筑物面积约 10 万平方米，其中 6 万平方米为展厅，4 万平方米为图书馆，建立于 1753 年，开放于 1759 年。馆舍是一座 17 世纪建筑——蒙塔古宫。馆藏品最初来源于英王乔治二世的御医、古玩家汉斯·斯龙爵士收藏的 8 万余件文物和标本。1823 年，英王乔治九世捐赠了他父亲的大量藏书。开馆以后的两百多年间，继续收集了英国本国及埃及、巴比伦、希腊、罗马、印度、中国等古老国家的文物。1880 年，自然部分分出，建成英国自然历史博物馆。1973 年，图书馆分出，建成不列颠图书馆。

· 启蒙运动

启蒙运动通常是指在 17 世纪至 18 世纪法国大革命之前的一个新思维不断涌现的时代，与理性主义等一起构成一个较长的文化运动时期。这个时期的启蒙运动，覆盖了各个知识领域，如自然科学、哲学、伦理学、政治学、经济学、历史学、文学、教育学等等。启蒙运动同时为美国独立战争与法国大革命提供了框架，并且导致了资本主义和社会主义的兴起，与音乐史上的巴洛克时期以及艺术史上的新古典主义时期是同一时期。

· 工业革命

工业革命开始于 18 世纪 60 年代，通常认为它发源于英格兰中部地区，是指资本主义工业化的早期历程，即资本主义生产完成了从工场手工业向机器大工业过渡的阶段。工业革命是以机器取代人力，以大规模工厂化生产取代个体工场手工生产的一场生产与科技革命。由于机器的发明及运用成为了这个时代的标志，因此历史学家称这个时代为"机器时代"。一般认为，蒸汽机、煤、铁和钢是促成工业革命技术加速发展的四项主要因素。英国是最早开始工业革命也是最早结束工业革命的国家。

· 审美

审美是人类理解世界的一种特殊形式，指人与世界形成一种无功利的、形象的和情感的关系状态。审美是在理智与情感、主观与客观上认识、理解、感知和评判世界上的存在。审美也就是有"审"有"美"，在这个词组中，"审"作为一个动词，它表示一定有人在"审"，有主体介入；同时，也一定有可供人审的"美"，即审美客体或对象。审美现象是以人与世界的审美关系为基础的，是审美关系中的现象。美是属于人的美，审美现象是属于人的现象。

· 逻辑

狭义上的逻辑既指思维的规律，也指研究思维规律的学科即逻辑学。广义上的逻辑泛指规律，包括思维规律和客观规律。逻辑包括形式逻辑与辩证逻辑，形式逻辑包括归纳逻辑与演绎逻辑，辩证逻辑包括矛盾逻辑与对称逻辑。对称逻辑是人的整体思维（包括抽象思维与具象思维）的逻辑。逻辑指的是思维的规律和规则，是对思维过程的抽象。从狭义来讲，逻辑就是指形式逻辑或抽象逻辑，是指人的抽象思维的逻辑；广义来讲，逻辑还包括具象逻辑，即人的整体思维的逻辑。

· 文物

文物是人类在历史发展过程中遗留下来的遗物、遗迹。它是人类宝贵的历史文化遗产。文物是指具体的物质遗存，它的基本特征是：第一，必须是由人类创造的，或者是与人类活动有关的；第二，必须是已经成为历史的过去，不可能再重新创造的。目前，各个国家对文物的称谓并不一致，其所指涵义和范围也不尽相同，因而迄今尚未形成一个对文物共同确认的统一定义。

· 标本

标本是动物、植物、矿物等实物，采取整个个体（甚至多个个体，如细菌、藻类等微生物，或像真菌等个体小且聚生一处者），或是一部分成为样品，经过各种处理，如物理风干、真空、化学防腐处理等，令之可以长久保存，并尽量保持原貌，借以提供作为展览、示范、教育、鉴定、考证及其他各种研究之用。

· 人类学

人类学是从生物和文化的角度对人类进行全面研究的学科群。从生物和文化的角度对人类进行全面研究的学科群，最早见于古希腊哲学家亚里士多德对具有高尚道德品质及行为的人的描述中。在 19 世纪以前，人类学这个词的用法相当于今天所说的体质人类学，尤其是指对人体解剖学和生理学的研究。

· 民俗学

民俗学是一门针对风俗习惯、口承文学、传统技艺、生活文化及其思考模式进行研究，来阐明这些民俗现象在时空中流变意义的学科。民俗学具有交叉学科的性质。民俗学与发生在我们周围的各种生活现象息息相关。尽管人们不一定能意识到自己的生活对整个社会具有多大的意义，他们在日常交流中所展现的一切，对文化的传播和保存起了什么样的意义和作用。但是，有关生活文化和口头传统的一切细节，都可以作为民俗学者的研究对象，而且其中还包含和传达着重要的文化信息。

第四章　美国的艺术馆和博物馆

1- 洛杉矶盖蒂艺术博物馆

　　洛杉矶的盖蒂艺术博物馆位于洛杉矶圣莫尼卡山脉的南麓，豪华优雅，号称是迎接 21 世纪世界三大博物馆之一，是世界上收藏最丰富的艺术博物馆之一，是世界上最大的私人艺术博物馆，也是洛杉矶最具标志性的人文艺术景点。洛杉矶的盖蒂中心是由美国石油大亨简·保罗·盖蒂先生所捐款兴建的。盖蒂先生将 30 亿美金的遗产捐给盖蒂基金会，这是有史以来最慷慨的一笔个人艺术捐赠。

　　盖蒂先生生前对古代地中海文化尤其痴迷，曾为此耗巨资兴建了一座仿公元 1 世纪罗马帕皮里庄园的别墅。1954 年他首次将位于马里布海滩的度假豪宅改建成艺术博物馆，向公众免费展出他所收藏的希腊及罗马时期的古董，18 世纪的法国家具，以及欧洲绘画雕刻作品。后来盖蒂基金会决定在洛杉矶建造新的盖蒂中心，将马里布海滩的盖蒂美术馆改为盖蒂艺术教育中心。经过长达 13 年的设计和施工后，总耗资达十多亿美元的盖蒂中心终于在 1997 年落成开放。

　　盖蒂艺术博物馆的建筑和花园，都出自著名建筑师和景观设计师之手，本身就是一个价值极高的杰作。盖蒂艺术博物馆建筑线条简洁，高低有致，淡灰白的基调衬以绿树蓝天，古典与现代融合为一，豪华中透着优雅，既是私人邸宅，又是公共建筑。参观盖蒂艺术博物馆，在山下就有缆车把客人接到山上。展厅服务人员一律西装革履，绅士风度，他们大多是有身份的爱好艺术的志愿者。参观盖蒂艺术博物馆，可欣赏希腊罗马时期的雕塑、文艺复兴时的绘画、还有凡·高的名画。盖蒂中心周围还有大规模自然园林，人文与自然相映成趣。这座坐落在洛杉矶西北小山坡上的博物馆，是一座少有的现代风格艺术馆，集艺术、建筑、景观美为一体。整体建筑群呈淡淡的米白色，镶嵌在加州蓝天碧海的背景画布上。它的设计者是从众多竞争者中脱颖而出的美国著名建筑设计师理查德·迈耶。建筑设计将室内展厅与室外广场花园部分联结流畅，美术馆内部自然采光的运用也恰到好处。盖蒂基金的艺术品收藏预算，多年来都是世界博物馆中首屈一指的，博物馆的 5 万多件藏品中，主要为盖蒂先生和盖蒂基金会所收藏的众多欧洲雕刻与绘画艺术珍品，也经常有特殊的展览在此举行。许多现代雕塑则被置放于室外庭院，与花园、喷泉及蓝天相映成趣。盖蒂中心将现代艺术与古典艺术，自然景观与人文景观完美地结合在一起。依托艺术博物馆，盖蒂中心还设有青少年的艺术教育中心和艺术研究机构。盖蒂中心不仅漂亮典雅，而且采用了最先进的环保技术，是美国第一个获得"能源和环保设计领先"认证的单位。

（1）凡·高名画《鸢尾花》

《鸢尾花》被称为凡·高在"圣雷米时期最伟大的作品之一"，画面中洋溢着清新的气氛和活力。1987年，盖蒂基金会于一次拍卖会中以5 390万美元的天价买下，这在当时创造了画作拍卖的最高纪录。

（2）中央花园的几何美学

花园的设计灵感源于典型的欧洲园艺传统，400多株杜鹃花组成了一个巨大的植物迷宫，花园总计300多个品种，10 000多株植物，其中傲然怒放着洛杉矶的市花——鹤望兰，整齐划一的几何美学体现的淋漓尽致。在花园中游览，一定能让游人忘却城市的喧嚣和纷扰，获得一丝灵感和对生活真谛的感悟。

拍摄于洛杉矶盖蒂艺术博物馆

凡·高《鸢尾花》

拍摄于洛杉矶盖蒂艺术博物馆

走世四季
微观美国建筑文化与艺术教育

拍摄于洛杉矶盖蒂艺术博物馆

2- 纽约古根海姆美术馆

古根海姆基金会成立于 1937 年，是博物馆的后起之秀，发展到今天，古根海姆已是世界首屈一指的跨国文化投资集团。其中，最著名的古根海姆博物馆为美国纽约古根海姆博物馆和西班牙毕尔巴鄂古根海姆博物馆。

纽约古根海姆美术馆，1956—1959 年建造，赖特设计。赖特是美国现代建筑大师，他一生共设计了 800 余座建筑物，其中建成的约 400 座，他的作品四分之三是住宅建筑，其中最著名的是 1935 年为美国匹兹堡市百货公司老板考夫曼设计的一幢私人住宅——流水别墅，这一建筑现已被定为美国国家级文物，他的另一著名建筑便是纽约古根海姆美术馆。古根海姆美术馆是供古根海姆收藏并陈列西方现代美术作品而设计并建造的，它位于纽约第五街，赖特以他独特的艺术构思设计了这座螺旋形的建筑，它像一朵神奇的大蘑菇从这条街的建筑森林中冒出地面。整个美术馆的主体建筑是四层的办公楼和六层的陈列大厅，其中以圆形陈列大厅最为重要，这个直径为 30.5 m 的圆形大厅，上面各层实际上是连续相通的长 431 m 的螺旋形坡道展览廊，螺旋坡道环绕大厅成上，底层坡道宽 5 m，直径约 28 m，以上逐渐向外加大直径，到顶层直径达 39 m，坡道宽约 10 m，从而形成一个下小上大的圆筒形空间，整个大厅可同时容纳 1 500 人参观，人们进入大厅乘半圆形电梯直登顶层，然后沿螺旋形坡道向下参观，不像一般展厅要受到楼层和隔断的空间限制，而且参观者还可以从各种不同的高度随时看到室内许多奇异的景观。

总部设在纽约的美国古根海姆美术馆，在西班牙毕尔巴鄂、意大利威尼斯、德国柏林和美国拉斯维加斯拥有 4 处分馆。

古根海姆基金会创始人古根海姆生于 19 世纪的美国一个靠煤矿工业积累财富的瑞士血统家族。按照有教养人的习惯，在精英云集的环境下，古根海姆和他的妻子在博爱和审美的传统中长大，成为热心的艺术赞助人，并积累起很多古代大师的作品。古根海姆从 1929 年开始系统性地购买非具象艺术家的作品。早期购买的作品包括德劳内、康定斯基、雷格尔以及纳吉。

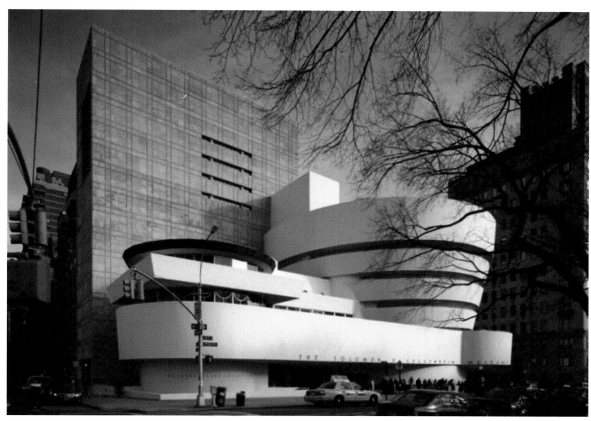

拍摄于纽约古根海姆美术馆

拍摄于纽约古根海姆美术馆

拍摄于纽约古根海姆美术馆

古根海姆在 1937 年建立了古根海姆基金会，其目的是为了"艺术上的促进、鼓励和教育以及启蒙大众"。在拥有基金会以后，古根海姆预想了一个设计成可以容纳不断增长的艺术收藏的博物馆建筑，建立一个永久性的建筑以容纳古根海姆的藏品和举行基金会的活动。他选择了建筑师赖特，赖特的有机建筑回应了对于非具象的理念：一种作为对创作者灵魂的直接表现而实现的，充满理性与理想化意味的新生的艺术。当赖特的建筑在 1959 年 10 月 21 日开放之后，无数人在排队体验建筑的同时参观了精彩的展示美术馆精品的开幕展览。多年来，艺术家和博物馆策展人发现赖特建筑中特别的展示空间是个受欢迎的挑战。当赖特打算用单纯的曲线组成封闭的结构，为博物馆设施安排、展览展示和艺术的审视与思考提供了一种新的可能性。

通过不断扩大的如星群般的艺术欣赏空间网络，每一个组成部分都闪耀着它独特的光辉，从而体现了古根海姆在强调教育、艺术和建筑结合的同时，致力于全球的公共事业。总的来说，这些空间使基金会能够实现它尽可能收集最高质量的艺术，并且面对最广泛观众展示艺术的任务与目标。古根海姆美术馆在国际项目上的承诺反映了它的历史、它的传统、它收藏的宽度和它对卓越文化的贡献。

拍摄于纽约古根海姆美术馆

3- 大都会艺术博物馆

大都会艺术博物馆是美国最大的艺术博物馆，也是世界著名博物馆。位于美国纽约第五大道的 82 号大街，与著名的美国自然历史博物馆和纽约海登天文馆遥遥相对。大都会艺术博物馆占地面积为 13 万平方米，它是与英国伦敦的大英博物馆、法国巴黎的卢浮宫、俄罗斯圣彼得堡的艾尔米塔什博物馆齐名的世界四大博物馆之一，并与和其同在纽约的联合国总部一起，构成了人类过去与未来的两大交汇点，大都会艺术博物馆记录着人类的过去，而联合国总部，则在描绘着或者说在规划和展望着世界的或者说人类的未来。大都会艺术博物馆有 5 大展厅，为欧洲绘画、美国绘画、原始艺术、中世纪绘画和埃及古董展厅。馆内的陈列室共有 248 个，常年展出的几万件展品，仅是博物馆总库存的冰山一角——大都会艺术博物馆的所有展品数量已达 330 余万件。大都会艺术博物馆的展览大厅共有 3 层，分服装、希腊罗马艺术、原始艺术、武器盔甲、欧洲雕塑及装饰艺术、美国艺术、R. 莱曼收藏品、古代近东艺术、中世纪艺术、远东艺术、伊斯兰艺术、19 世纪欧洲绘画和雕塑、版画、素描和照片、20 世纪艺术、欧洲绘画、乐器和临时展览等 18 个陈列室和展室。服装陈列室是从原来的服装艺术博物馆发展而来的，1946 年并入大都会艺术博物馆，单独成为一个部门，藏有 17—20 世纪世界各地服装 1 万多件，并设有图书资料室和供专业服装设计研究人员使用的设计房。

1870 年，一群银行家、商人、艺术家发起了建立大都会艺术博物馆的倡议，同年 4 月 13 日通过了《大都会艺术博物馆宪章》，确立建馆的目的是——为了鼓励和发展艺术在生产和日常生活中的应用，为了推动艺术的通识教育，并为大众提供相应的指导。1871 年，博物馆与纽约市商议后，得到中央公园东侧的一片土地作为永久馆址。其建筑的红砖新歌德式外形由美国建筑师卡尔弗特·沃克斯设计。1872 年 2 月 20 日，大都会艺术博物馆首次开放，约翰·泰勒·约翰斯顿的个人艺术收藏品成为博物馆最早的馆藏，并且为首任总统提供服务，而出版商乔治·帕尔默·普特南成了创立时期的监督人。艺术家伊士曼·约翰逊担任博物馆的共同创办人。在他们的指导下，博物馆的馆藏，由最初的罗马石石棺和大部分来自欧洲的 174 幅绘画，迅速增长并填满了可用的空间。1998 年，古代近东艺术画廊向公众开放。2006 年，博物馆的建筑物总长度差不多 400 m，占地面积约为 18 hm^2，比 1880 年代的馆址大 20 倍。

拍摄于大都会艺术博物馆

走过四季

微观美国建筑文化与艺术教育

拍摄于大都会艺术博物馆

拍摄于大都会艺术博物馆

微观美国建筑文化与艺术教育

（1）阿斯特庭院

1981 年春，中美合建的以中国苏州网师园殿春簃及其后院为模式的阿斯特庭院在该馆的东翼竣工落成，庭院的殿堂——"明轩"陈列了中国明代家具。

（2）丹德神殿

埃及政府赠送美国的丹德神殿陈列在该馆的萨克勒大厅内，这是在埃及以外世界上仅有的一座埃及古神殿，1978 年 9 月正式对外开放。

拍摄于大都会艺术博物馆

（3）亚洲部207展区

亚洲部207展区陈列着公元前11世纪晚期，即商至西周时期的青铜禁，这被认同为中国人的国殇。这套礼器的宝贵之处就是那件稀有出土的铜禁，完整、满工的螭纹，承载着浓厚的历史文化。尊、爵、卣、觯、斝、盉……琳琅满目的饮酒之器，体现出3 000年前中国古代社会贵族的奢靡之风，但同时令吾国人自豪的是，它们用实物证实了中国早期社会的文明程度是何等的超前与辉煌！

青铜禁　拍摄于大都会艺术博物馆

走过四季

微观美国建筑文化与艺术教育

（4）大都会艺术博物馆藏中国绘画

大都会艺术博物馆从成立亚洲部至今，收藏见证了美国乃至西方对中国文化艺术的认知过程，这一过程始于制作精美、雅俗共赏的明清瓷器，继而扩展到玉器、金银器、珐琅器等明清时代的装饰艺术，再进一步扩展到青铜礼器、陶塑、佛教造像以及书画。在过去的40年里，纽约大都会艺术博物馆成为世界最主要的中国书画收藏机构之一，其收藏的中国书画作品横跨唐朝（618—907）与清朝（1644—1912），包括细致缜密的宫廷绘画、超然脱俗的文人山水，还有祥和工整的手抄佛经。

元 姚廷美 雪山行旅图（局部）拍摄于大都会艺术博物馆

4- 旧金山亚洲艺术博物馆

旧金山亚洲艺术博物馆建于 1966 年，这是一座以收藏亚洲文物尤其是中国文物为主的博物馆。在亚洲以外的博物馆中，该博物馆是专门收藏亚洲艺术品博物馆中规模最大、藏品最多的。这里收藏有来自中国、日本、朝鲜、印度尼西亚等亚洲国家和地区的各类艺术珍品 17 000 多件，而作为馆藏重点，收藏在这里的中国瓷器有 2 000 多件，玉器有 1 200 多件，青铜器有 800 多件。收藏的中国文物，始于新石器时代，迄于清，为世界上收藏中国玉器最丰富的博物馆。总体来说，这是一座以收藏亚洲文物尤其是中国文物为主的、在全美拥有亚洲艺术藏品最多的艺术博物馆。1959 年，芝加哥大实业家布兰德治同意将其收藏的部分中国古代艺术品捐赠给旧金山市，其条件是，旧金山市必须建立一个新博物馆来收藏和展览这些艺术品。1960 年，旧金山选民通过了利用发行公债券筹集资金建立新博物馆的决议案，博物馆开始建设。1966 年，博物馆建成并正式开放。布兰德治准备向旧金山市捐赠第二批收藏品时，他开出的条件之一，是要求旧金山市成立一个独立的管理机构，来负责管理这些艺术品，并将这些艺术品用于向人们进行东方文化的教育，教育经费 3 亿美元由旧金山市当局提供。市政府为此专门成立一个机构——亚洲艺术委员会，委员会主任由市长直接任命，委员会拥有精通亚洲各国艺术品的专家、文物保护专家，并负责筹集和管理博物馆所需的大部分资金。博物馆从此还拥有了自己的图书馆和影像档案馆。旧金山市政府仍然负责博物馆的建筑维修、安全保卫和充足资金以保证博物馆正常运营。1973 年，此前一直名为亚洲艺术文化中心的博物馆正式更名为旧金山亚洲艺术博物馆。布兰德治在 1975 年去世之前一直继续着自己的收藏，他将其所有的亚洲艺术收藏品遗赠给了博物馆，总共为旧金山市捐赠了超过 7 700 件亚洲艺术品，全部收藏在旧金山亚洲艺术博物馆。

旧金山亚洲艺术博物馆的宗旨，并非限于收藏和展览，其另一重要宗旨，在于介绍和普及东方文化。博物馆辟有自己的图书馆，且常年举办各种东方文化知识讲座、示范教学和组织学生参加博物馆活动。

积极参与社会生活的态度，使该博物馆赢得了更多的支持者和赞助者。博物馆不断收到一些大公司、基金会和个人的捐赠，藏品逐年增加。博物馆拥有的中国青铜器、陶瓷和亚洲佛像雕塑是藏品的强项，在博物馆界名闻遐迩。藏品中的一尊中国青铜制佛像，据考证为魏晋十六国后赵建武四年（公元 338 年）时期的作品，是目前所发现的最早的中国青铜佛像，被博物馆视为镇馆之宝。

博物馆的新馆由一座 20 世纪初法国风格的建筑改建而成。在改建过程中，建筑师充分考虑了博物馆必须具备的各种元素。旧金山是地震多发地区，为确保文物安全，改建中采用最先进技术，在原建筑物的地基下加装了地基隔离橡皮垫，这些橡皮垫能在地震发生时使建筑物如浮在水面上，前后左右做整体浮动，最大限度地减少地震对建筑物的破坏；大量采用自然光是改建中的另一特点，为了取得更好的视觉效果，建筑师巧妙地将原建筑的内墙与外墙用玻璃屋顶连接起来，使原建筑物扩展的这部分使用面积大量采用日光照明，为博物馆的建筑增添了浓厚的现代气息。

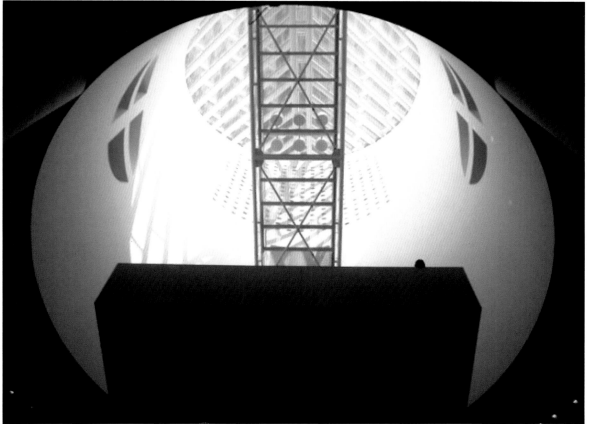

拍摄于旧金山亚洲艺术博物馆

青铜镀金规格：40 cm x 24.1 cm x 13.3 cm
拍摄于旧金山亚洲艺术博物馆

微观美国建筑文化与艺术教育

作为旧金山亚洲艺术博物馆的一部分，博物馆的后面还建有一个中国花园，旧金山的姊妹城市上海赠送的一块太湖石，被竖立在花园中，作为东方文化的象征，也作为中美两国人民友谊的象征。

博物馆的新标志很有现代气息，总高度超过30英尺。反射在一大块屏幕上，本身也是一大雕塑，一个醒目的上下颠倒的字母"A"，能显现不同的颜色，设计成叠加式样，旁边是亚洲的英文"ASIAN"。采用新的标志，是希望从一个全新角度，提供新形象，新标志是一个大胆的创意，仿佛告诉世人，"我们"有话要说。博物馆落户于此，成为了市中心广场的亮丽风景。旧金山的亚裔社区人口超过三成，博物馆多年来在推广亚洲艺术文化等方面做出了巨大贡献。

拍摄于旧金山亚洲艺术博物馆

拍摄于旧金山亚洲艺术博物馆

走世四季

微观美国建筑文化与艺术教育

5- 纽约现代艺术博物馆

纽约现代艺术博物馆坐落在纽约市曼哈顿城中，位于曼哈顿第 53 街（在第五和第六大道之间），是当今世界最重要的现当代美术博物馆之一，与英国伦敦泰特美术馆、法国蓬皮杜国家文化和艺术中心等齐名。当今冠有现代艺术头衔的博物馆家族里，纽约现代艺术博物馆首屈一指，其闻名程度，可以让它在全称里不加地名以示区别，直呼现代艺术博物馆。对建筑同行来说，它与"国际式"一词的紧密联系，使它具有极其特殊的历史形象。在 20 世纪末，"解构主义"建筑展的举行，让它在颠覆自身历史形象的同时，显示出前瞻及诱导建筑和艺术发展的持续野心。回顾过去 70 年间它在收藏、运营、策划和馆舍建设与改造方面所经历的变化，这一规模庞大的混血建筑综合体在保守的外表之下，力求平衡艺术、科技和社会时尚等多方面因素。现代艺术博物馆的成长变迁，也是当代艺术之都纽约所特有的商业文化的再现。纽约现代艺术博物馆最初以展示绘画作品为主，后来展品范围渐渐扩大，包括雕塑、版画、摄影、印刷品、商业设计、电影、建筑、家具及装置艺术等项目，现在艺术品数量已达 15 万件之多、2 万多部电影以及 400 万幅电影剧照。其中最著名的作品包括：

凡·高：《星月夜》　拍摄于纽约现代艺术博物馆

毕加索：《亚威农少女》　拍摄于纽约现代艺术博物馆

莫奈：《睡莲》　拍摄于纽约现代艺术博物馆

纽约现代艺术博物馆亦有不少美国现代艺术家的经典作品，如杰克森·波洛克、格鲁吉亚·欧姬芙、辛迪·雪曼、爱德华·霍普、安迪·沃荷、尚·米榭·巴斯奇亚、岑克·克罗斯、雷夫·巴格许与贾斯培·琼斯。

纽约现代艺术博物馆也是将摄影艺术纳入馆藏的重要机构。在第一任摄影部主任爱德华·史泰钦的主持下，收入了不少新闻摄影与艺术摄影的杰作，并由约翰·札考斯基扩大规模，将电影、电影剧照等也纳入收藏，使得此馆成为美国电影与影片收藏的重镇。该馆也针对设计作品开始典藏，包括野口勇、乔治·纳尔逊、保罗·拉兹罗的设计产品，埃姆斯夫妇等设计的椅子、灯具。该馆的收藏品范围相当广，小到第一个能自动调整角度的滚珠轴承，大至一台贝尔 47D1 型的直升机。2004 年 11 月 20 日，由日本建筑师谷口吉生设计的新馆开幕，在新馆的花岗岩与玻璃建筑物外观都完成后，该馆一年的访客数约为 250 万人次，比往年增加了许多。

已设计过多所博物馆的知名日本建筑大师谷口吉生，重新设计的现代艺术博物馆，其表现深获好评。纽约现代艺术博物馆自 1932 年迁址坐落于曼哈顿 53 街后，在 1939 年，其外观开始脱胎换骨成为现代模样，又于 1948 年，由建筑师西萨·佩里增修博物馆的外观，其利落的造型已在世人心中留下深刻印象。此次，建筑大师谷口吉生不但要修建原有旧馆，更要使旧馆与新建的新馆完全整合。比起其他在建筑外观多夸饰的新兴博物馆，谷口吉生所设计的现代艺术博物馆外观可谓简约内敛、沉静稳重。谷口吉生说："作为博物馆外观而言的建筑物，它不应与艺术品争辉，在艺术品面前，建筑本身应该消失。建筑物就像是一个容器，如果没有艺术品和欣赏它们的人进来，这建筑就不算完整。博物馆就像一只茶杯，它不会炫耀自己，但当你为它注入绿茶时，它就会显现出双方的美好。"虽然在基于现实和成本的考量后，谷口吉生有些许的设计必须更动，不如之前预期，但，当他看着完工后的纽约现代艺术博物馆，仍然高兴地说："它已几近完美！"

由于大片落地窗的设计，自然光轻易地流进有着六层展览厅，高约 34 m 的主展馆室内，而大量白墙的运用，更让博物馆尽情地展示其无价收藏。为了秉持博物馆鼓励当代艺术的初衷，之前碍于场地限制所不能展出的 1960 年代之后的近代艺术品，都一一现身。在挑高的二楼大厅，莫奈的知名画作《睡莲》就在白墙上延伸超过 50 公尺，越往上层参观者将越被更壮观的艺术品所慑服，例如波普艺术家詹姆斯·罗森奎斯特在 1965 年的画作《F-111 战斗机》所占据的六楼白墙长度，又更甚于莫奈的《睡莲》。

透过落地窗，便可欣赏在新旧馆之间的洛克菲勒雕塑花园，谷口吉生将此著名花园保持原来大小，但更着重了建筑和花园在视线上的相互延伸，使民众也可享受在户外欣赏艺术的闲情逸致。当然，艺术不仅止于绘画和雕塑的形式，博物馆在视觉与听觉方面的艺术收藏，也可谓是首屈一指，这次改建，博物馆不但扩充了视觉和听觉的艺术表现，更是积极地投入艺术教育，像是扩大的图书馆、档案室、阅览室、大讲堂、剧场、工作室，让艺术爱好者有更多的学习机会，如痴如醉地流连于如此多功能的空间中。

纽约现代艺术博物馆有 70 000 m² 的规模，伫立在 12 000 m² 的一楼大厅，民众见证了它从过去辉煌的 53 街跨越到引领未来的 54 街，它在艺术上的奉献，为所有博物馆开启了新时代的意义。纽约现代艺术博物馆每年吸引成千上万名艺术爱好者，从世界各地前来膜拜大师的作品，如凡·高、毕加索、莫奈、波洛克，不同的是，在新生的博物馆里，它们都闪耀着前所未有的光芒。

波洛克：《无题》 拍摄于纽约现代艺术博物馆

拍摄于纽约现代艺术博物馆

走过四季

微观美国建筑文化与艺术教育

拍摄于纽约现代艺术博物馆

拍摄于纽约现代艺术博物馆

微观美国建筑文化与艺术教育

拍摄于纽约现代艺术博物馆

6- 旧金山笛洋美术馆

　　旧金山笛洋美术馆位于旧金山金门公园内，以早期旧金山报人笛洋命名，是 1894 年加州冬季国际博览会的产物，于 1895 年首次开馆，1989 年地震时建筑严重受损。2002 年新笛洋美术馆破土动工，2005 年在展览空间举行开幕仪式。为了应付未来的地震，新建的笛洋美术馆有系统的球轴承滑动板和黏性流体阻尼器吸收动能，可移动 3 英尺。新建的笛洋美术馆有赫尔佐格和德梅隆事务所设计，赫尔佐格是北京"鸟巢"国家体育馆的设计师。笛洋美术馆塔楼位于美术馆的西侧，高度有 44 m，外面包铜，能因氧化而每天改变颜色，外形犹如一个庞大倒置的梯形，登上塔顶，游客们会发现周边的美景，透过 360° 无遮碍的玻璃窗游客尽可眺望旧金山景色，更棒的是，一般大众无须购买门票就可以来到塔楼的顶部，可以说是美术馆与公众空间结合的一个良范。

　　新笛洋美术馆耗资 2.02 亿美金，占地面积约为 293 000 平方英尺，面积约为原本基地上旧笛洋美术馆的三分之二，多出来的空间约 6 070 m² 释放到金门公园，使金门公园拥有更大的开放空间。建筑师在设计里将艺术、建筑与自然加以整合，新馆内的平面配置使得访客能够在同一场所看到不同文化、不同时期的艺术展品，充分体验艺术间的美妙及其特别之处。

　　三层楼高的美术馆主体包含三落中庭，游客进到馆内步行于馆内与中庭之间，户外公园的景致与中庭的植栽融入室内，美术馆外墙一片片的透明玻璃使得金门公园内的游客不用进入美术馆也可以窥见馆内的展品，而从馆内也能够观赏公园的绿意盎然。笛洋美术馆内设置了一座塔楼作为美术、展览相关人员及学校参访时的教育用途，堪称美国美术馆中最大的教育专用空间，笛洋美术馆的教育部门在美国同质的机构中堪称首屈一指，曾经获得美国教育部颁奖予以肯定。笛洋美术馆的外墙以 7 200 片铜板裹覆，这些铜板上有许多大小不一的孔洞，数量庞大的铜板外墙呈现出与传统建筑立面截然不同的图案，光影变化宛如日光穿透树叶被筛过而映照的点点亮斑，宛如金门公园内每天会发生的自然景观，铜板将会渐渐地氧化，由亮转暗，最后会变成铜像上的深绿色，最终成为金门公园绿景的一部分。

　　铜板的灵感来自某次两位建筑师散步于附近的洋滩时所见到的老旧风车，木构加上铜饰的老风车历经岁月，以颜色呈现其与大自然的磨合，因此两位建筑师才会使用因为氧化而不断改变颜色的铜板来演绎美术馆外墙与大自然、四季的关系，建筑师对于建筑、材料及自然的用心着实令人赞赏。新笛洋美术馆请来沃尔特·胡德负责地景的设计，包括公共花园、露台及儿童花园，外部环境在沃尔特·胡德的规划下，使得美术馆与金门公园不着痕迹地连接在一起，毁于大地震的旧笛洋美术馆仍旧以存在的那些人面狮身雕刻、水池及百年棕榈树的形态保留于地景设计中，经过规划后的景观包含了许多土生土长及外来物种，就好像美术馆内展出的大量艺术品，呈现丰富的多样文化及层次。

拍摄于旧金山笛洋美术馆

拍摄于旧金山笛洋美术馆

拍摄于旧金山笛洋美术馆

　　为了展出美术馆的多样馆藏，建筑师在展览空间的设计上下足工夫，试图创造多样化的环境以展现馆内来自各地的艺术品，在专门为美洲、非洲、大洋洲艺术品而设计的展览空间中，艺术品陈列于此，没有任何视觉阻碍，人们能够从各个角度充分观察艺术品的瑰丽精巧，17—19 世纪的美国本土画作、雕塑品及家具则摆放在与长、宽、高比例协调的房间里，现代艺术品则陈列于自然光满溢的展览空间中，除此之外，美术馆内还有一级的储存收藏设施，让艺术品不至于受到湿度及温度、光线的伤害。

　　笛洋美术馆侧重于收藏 17 至 21 世纪的美国艺术、国际当代艺术、太平洋群岛艺术、非洲和美洲艺术，其中美国艺术收藏了从 1670 年至今的美术作品，包括 1 000 多幅画作、800 多个雕塑、300 多件装饰艺术品。馆内的纺织品和服饰可达 12 000 件，来自于世界各地的 125 个国家或地区，是美国规模最大的纺织品和服饰收藏馆之一。

走过四季

微观美国建筑文化与艺术教育

· 雕塑

雕塑是造型艺术的一种。又称雕刻，是雕、刻、塑三种创制方法的总称。指用各种可塑材料（如石膏、树脂、黏土等）或可雕、可刻的硬质材料（如木材、石头、金属、玉块、玛瑙、铝、玻璃钢、砂岩、铜等），创造出具有一定空间的可视、可触的艺术形象，借以反映社会生活、表达艺术家的审美感受、审美情感、审美理想的艺术。通过雕、刻减少可雕性物质材料，塑则通过堆增可塑性物质材料来达到艺术创造的目的。

· 凡·高

荷兰后印象派画家。出生于新教牧师家庭，是后印象主义的先驱，并深深地影响了 20 世纪艺术，尤其是野兽派与表现主义。凡·高早期只以灰暗色系进行创作，直到他在巴黎遇见了印象派与新印象派，融入了他们的鲜艳色彩与画风，创造了他独特的个人画风。凡·高最著名的作品多半是他在生前最后 2 年创作的，期间他深陷于精神疾病中，其最后在他 37 岁那年将他导向自杀一途。在凡·高去世之后，凡·高的作品《星夜》《向日葵》与《有乌鸦的麦田》等，已跻身于全球最著名的艺术作品行列。凡·高的作品目前主要收纳在法国的奥赛美术馆，以及苏黎世的 kunshaus 美术馆。

· 西班牙毕尔巴鄂古根海姆博物馆

由美国加州建筑师弗兰克·盖里设计，在 1997 年正式落成启用，它以奇美的造型、特异的结构和崭新的材料立刻博得举世瞩目。在 20 世纪 90 年代人类建筑灿若星河的创造中，毕尔巴鄂古根海姆博物馆无疑属于最伟大之列，与悉尼歌剧院一样，它们都属于未来的建筑提前降临人世，属于不是用凡间语言写就的城市诗篇。该博物馆分成十九个展示厅，其中一间还是全世界最大的艺廊之一。整个博物馆结构体是由建筑师借助一套为空气动力学使用的电脑软件（从法国军用飞机制造商达索公司引进，名叫 CATIA）逐步设计而成。博物馆在建材方面使用玻璃、钢和石灰岩，部分表面还包覆钛金属，与该市长久以来的造船业传统遥相呼应。

· 非具象艺术

非具象艺术是指人类对事物非本质因素的舍弃和对本质因素的抽取，通常在形式与造型上介于抽象与具象艺术的两极之间。非具象艺术往往是在抽象的笔触、狂奔的意念之间，意旨凝结于具体形象所暗含的隐喻之上。

· 瓦西里·康定斯基

康定斯基（1866—1944）出生于俄罗斯的画家和美术理论家。康定斯基与彼埃·蒙德里安和马列维奇一起，被认为是抽象艺术的先驱，但毫无疑问，康定斯基是最著名的。他还与其他人共同成立了一个为时不长但很有影响力的艺术团体——"蓝骑士"。康定斯基的绘画售价曾近一千五百万美元。古根海姆美术馆是康定斯基作品的最大藏家之一。瓦西里·康定斯基是现代艺术的伟大人物之一，同时也是现代抽象艺术在理论和实践上的奠基人。他在 1911 年所写的《论艺术的精神》、1912 年所写的《关于形式问题》、1923 年所写的《点、线到面》和 1938 年所写的《论具体艺术》等论文，都是抽象艺术的经典著作，是现代抽象艺术的启示录。

· 美国自然历史博物馆

世界上规模最大的自然历史博物馆，美国主要的自然历史研究和教育中心之一。该馆始建于 1869 年，位于美国纽约曼哈顿区，占地总面积为 7 hm^2 多，建筑物为古典形式。其古生物和人类学的收藏在世界各博物馆中占居首位，除采自美国境内的标本外，南美洲、非洲、欧洲、亚洲、大洋洲的代表性标本也都有收藏。里面的陈列内容极为丰富，包括天文、矿物、人类、古生物和现代生物 5 个方面，有大量的化石、恐龙、禽鸟、印第安人和爱斯基摩人的复制模型。所藏宝石、软体动物和海洋生物标本尤为名贵。

· 大英博物馆

英国国家博物馆，又名不列颠博物馆，位于英国伦敦新牛津大街北面的罗素广场，成立于 1753 年，1759 年 1 月 15 日起正式对公众开放，是世界上历史最悠久、规模最宏伟的综合性博物馆，也是世界上规模最大、最著名的世界四大博物馆之一。博物馆收藏了世界各地的许多文物和珍品，及很多伟大科学家的手稿，藏品之丰富、种类之繁多，为全世界博物馆所罕见。大英博物馆拥有藏品 800 多万件。由于空间的限制，还有大批藏品未能公开展出。

· 卢浮宫

卢浮宫位于法国巴黎市中心的塞纳河北岸，位居世界四大博物馆之首。卢浮宫始建于 1204 年，原是法国的王宫，居住过 50 位法国国王和王后，是法国文艺复兴时期最珍贵的建筑物之一，以收藏丰富的古典绘画和雕刻而闻名于世。现为卢浮宫博物馆，历经 800 多年扩建重修达到今天的规模，占地约 198 hm²，分新老两部分，宫前的金字塔形玻璃入口，占地面积为 24 hm²，是华人建筑大师贝聿铭设计的。1793 年 8 月 10 日，卢浮宫艺术馆正式对外开放，成为一个博物馆。卢浮宫藏有被誉为世界三宝的维纳斯雕像、《蒙娜丽莎》油画和胜利女神石雕，拥有的艺术收藏达 40 万件以上，包括雕塑、绘画、美术工艺及古代东方、古代埃及和古希腊罗马等 6 个门类。卢浮宫已成为世界著名的艺术殿堂，最大的艺术宝库之一，是举世瞩目的万宝之宫。

· 艾尔米塔什博物馆

艾尔米塔什博物馆位于俄罗斯圣彼得堡，是世界四大博物馆之一，与巴黎的卢浮宫、伦敦的大英博物馆、纽约的大都会艺术博物馆齐名。该馆最早是叶卡捷琳娜二世女皇的私人博物馆。1764 年，叶卡捷琳娜二世从柏林购进伦勃朗、鲁本斯等人的 250 幅绘画存放在冬宫新建的侧翼"艾尔米塔什"（法语，意为"隐宫"），该馆由此而得名。

· 泰特美术馆

泰特美术馆的历史要追溯到 1897 年亨利·泰特爵士创立的国立英国艺术美术馆。1917 年，一向只专注于本国艺术的泰特美术馆奉命开始收藏世界现代艺术，于是，老泰特美术馆于 1980 年代决定另行设立一座专门进行 20 世纪现代艺术品收藏和展览的美术馆，这就是泰特现代美术馆。

· 乔治·蓬皮杜国家艺术文化中心

乔治·蓬皮杜国家艺术文化中心坐落在巴黎拉丁区北侧、塞纳河右岸的博堡大街，是已故的法国总统蓬皮杜于 1969 年决定兴建的。当地人简称其为"博堡"。文化中心的外部钢架林立、管道纵横，并且根据不同功能分别漆上红、黄、蓝、绿、白等颜色。因这座现代化的建筑外观极像一座工厂，故又有"炼油厂"和"文化工厂"之称。

· 解构主义

解构主义 1960 年代起源于法国，雅克·德里达是解构主义领袖，其不满于西方几千年来贯穿至今的哲学思想，对那种传统的不容置疑的哲学信念发起挑战，对自柏拉图以来的西方形而上学传统大加责难。

· 版画

版画是视觉艺术的一个重要门类。广义的版画可以包括在印刷工业化以前所印制的图形。当代版画的概念主要指由艺术家构思创作并且通过制版和印刷程序而产生的艺术作品，具体说是以刀或化学药品等在木、石、麻胶、铜、锌等版面上雕刻或蚀刻后印刷出来的图画。版画艺术在技术上是一直伴随着印刷术的发明与发展的。古代版画主要是指木刻，也有少数铜版刻和套色漏印。独特的刀味与木味使它在中国文化艺术史上具有独立的艺术价值与地位。

· 装置艺术

装置艺术，是指艺术家在特定的时空环境里，将人类日常生活中的已消费或未消费过的物质文化实体，进行艺术性地有效选择、利用、改造、组合，以令其演绎出新的展示个体或群体丰富的精神文化意蕴的艺术形态。简单地讲，装置艺术就是"场地＋材料＋情感"的综合展示艺术。

· 杰克逊 · 波洛克

杰克逊·波洛克 (1912—1956)，美国画家，抽象表现主义绘画大师，也被公认为是美国现代绘画摆脱欧洲标准，在国际艺坛建立领导地位的第一功臣。1929 年就学纽约艺术学生联盟，师从本顿。1943 年开始转向抽象艺术。1947 年开始使用"滴画法"，把巨大的画布平铺于地面，用钻有小孔的盒、棒或画笔把颜料滴溅在画布上。其创作不作事先规划，作画没有固定位置，喜欢在画布四周随意走动，以反复的无意识的动作画成复杂难辨、线条错乱的网，人称"行动绘画"。此画法构图设计没有中心，结构无法辨识，具有鲜明的抽象表现主义特征。主要作品有《秋韵：第 30 号》《薰衣草之雾：第 1 号》《大教堂》《蓝杆：第 11 号》等。

· 安迪 · 沃霍尔

安迪·沃霍尔 (1928—1987) 被誉为 20 世纪艺术界最有名的人物之一，是波普艺术的倡导者和领袖，也是对波普艺术影响最大的艺术家。他大胆尝试凸版印刷、橡皮或木料拓印、金箔技术、照片投影等各种复制技法。沃霍尔除了是波普艺术的领袖人物，他还是电影制片人、作家、摇滚乐作曲者、出版商，是纽约社交界、艺术界大红大紫的明星式艺术家。

· 爱德华 · 霍普

爱德华·霍普 (1882—1967) 是一位美国绘画大师，以描绘寂寥的美国当代生活风景而闻名。属于都会写实画风的推广者，他的门生日后几乎都成为了美国重要画家，并被评论家称为垃圾桶画派。

· 巴勃罗 · 鲁伊斯 · 毕加索

巴勃罗·鲁伊斯·毕加索 (1881—1973) 或简称毕加索，西班牙画家、雕塑家。与乔治·布拉克同为立体主义的创始者。毕加索是 20 世纪现代艺术的主要代表人物之一，遗世的作品达 2 万多件，包括油画、素描、雕塑、拼贴、陶瓷等作品。

· 亨利 · 马蒂斯

亨利·马蒂斯（1869—1954），法国著名画家，野兽派的创始人和主要代表人物，也是一位雕塑家、版画家。马蒂斯生于法国，是毕加索时代最重要的古典现代主义艺术家之一，且是野兽派的创始人。野兽派主张印象主义的理论，并促成了 20 世纪第一次的艺术运动。使用大胆及平面的色彩、不拘的线条就是马蒂斯的风格。风趣的结构、鲜明的色彩及轻松的主题就是令他成名的特点。

· 克劳德 · 莫奈

克劳德·莫奈 (1840—1926)，法国画家，印象派代表人物和创始人之一。莫奈是法国最重要的画家之一，印象派的理论和实践大部分都有他的推广。莫奈擅长光与影的实验与表现技法。他最重要的风格是改变了阴影和轮廓线的画法，在莫奈的画作中看不到非常明确的阴影，也看不到突显或平涂式的轮廓线。除此之外，莫奈对于色彩的运用相当细腻，他用许多相同主题的画作来实验色彩与光完美的表达。莫奈曾长期探索光色与空气的表现效果，常常在不同的时间和光线下，对同一对象做多幅的描绘，从自然的光色变幻中抒发瞬间的感觉。

第五章　美国艺术博物馆中的中国古代艺术

1- 中国艺术"天人合一"的境界

　　美国大型的艺术博物馆几乎都有东方馆或者专门的中国文物馆，美国各大博物馆对于中国文物的热情相当之高，来源大部分都是不合法的走私物品。正所谓术业有专攻，各大博物馆偏好的类型也不一样，例如纽约大都会艺术博物馆和华盛顿弗利尔博物馆的中国绘画、美国国会图书馆的古籍善本、芝加哥美术馆的青铜器、旧金山亚洲艺术博物馆的陶瓷和玉器、哈佛大学博物馆的莫高窟文物等等。中国文物主要集中在纽约大都会艺术博物馆、波士顿美术博物馆、华盛顿弗利尔博物馆、旧金山亚洲艺术博物馆等。

　　中国艺术是哲学的。东方的是经验主义、感悟主义、归纳主义，然后达到一个"天人合一"的境界。而西方是重逻辑、重演绎、重天人二分。中国人有种天生的感悟力，这种感悟力使中国人对逻辑学不太重视。中国的哲学本身有启发智慧的性质，如庄子和惠施的辩论。为什么中国人聪明，因为有中国古典哲学这种启智性在起作用，为什么启智性的人群非常容易学习逻辑性人群的创造。因为智慧足以使中国人把他们按部就班的研究很快吸收，很快了解，在新的基础上很快创造。从艺术角度上讲它太重要了，因为艺术不需要像西方一样的逻辑，不需要像西方一样的推演，中国艺术重要的是要有感悟力。所以，中国人的智慧和感悟，当在哲学上体现而用到绘画上的时候，绘画就得以无穷。

　　中国艺术是诗性的。中国艺术有诗的意味，严羽在《沧浪诗话》里讲："诗有别趣，非关理也"。诗，它有它独特的趣味，它和逻辑思维的"理"不同，"非关乎理"，就是讲和它关系不大，"非关"意味着一种游离，和"理"有所游离。郑板桥竹子的三个对象——眼、画、心中之竹，他经过了认识和体现的三个阶段：看竹、体会竹、写竹。西方是眼中之竹和心中之竹是一样的。中国的艺术，它的本性是情态的高度自由，人的情态高度自由莫过于一个不懂事的孩子，尼采在他的《查拉斯图特拉如是说》中，他对五色牛村的人讲："你们起先有骆驼的性格任重而道远，在沙漠里慢慢行走，无怨无悔，这不行。第二种状态，狮子的性格，狂风暴雨，风沙大起，狮子吼，这也不行。你们要有赤子之性情。"

　　中国艺术是兴奋的。中国艺术不靠耐久力，而靠灵感智慧之光，灵感智慧持续的保持，这就是中国文人的一种思想，即——"文章本天成，妙手偶得之"。俯仰之间，万里之外。可以讲出来的东西就和他的艺术有游离了，"道可道，非常道"，你能说出来道，事实上已经和道有游离了。中国艺术优雅，有静气，没烦躁，让人心灵平静，愿意安下心来慢慢体会，然后若有所思，心有所悟，又有所得，身心为之健康。

　　中国艺术是哲学的，它讲究"天人合一"；中国艺术是诗性的，它是心灵的情态自由；中国艺术是书法的，它浑然天成；中国艺术是兴奋的，它由灵感而至。艺术的问题是一个心灵的问题，艺术家的创作是创造一个心智之国。

拍摄于波士顿美术博物馆

拍摄于华盛顿弗利尔博物馆

走过四季

微观美国建筑文化与艺术教育

拍摄于华盛顿弗利尔博物馆

拍摄于波士顿美术博物馆

2- 纽约大都会艺术博物馆中的中国古代艺术

　　大都会艺术博物馆是一座百科全书式的艺术博物馆,博物馆的中国艺术收藏始于 1879 年,迄今已有 137 年。这 137 年的收藏过程,像一面镜子,折射出西方人对中国文化与历史认知的过程,观众和收藏家逐渐领略到中国书画艺术的深邃文化内涵,最终全面地了解绵延不断的中华五千年文明。博物馆收藏的中国文物、艺术品约有 1.2 万件,包括书画、陶瓷、青铜器、玉器、漆器、金银器、石雕、彩塑,还有相当丰富的纺织品和古典家具等门类。

　　(1) 元代壁画《药师经变》

　　山西省洪洞县广胜寺是佛教东传中国最早的几座寺庙之一,始建于东汉,经历代重修,现基本保持元代建筑风格。广胜寺的元代壁画共有两处,一处原存下寺大佛殿,另一处现存水神庙明应王殿。明应王殿壁画共计 5 幅,内容表现元代生活民俗。大都会艺术博物馆藏的《药师经变》则是从下寺的墙壁上剥离下来的。如今山墙上尚存 16 m² 的《善财童子五十三参》的残卷。

　　据唐朝名僧道世所撰《法苑珠林》载,广胜寺塔是全国 19 座释迦牟尼真身舍利塔之一,由此可见广胜寺具有非常深厚的佛教文化积淀。纽约大都会艺术博物馆藏《药师经变》巨型壁画出自这里绝非偶然。《药师经变》壁画是怎样流失的呢?时值 20 世纪二三十年代,中国军阀战乱,广胜寺寺院破败,僧人便将下寺壁画卖给了两个美国人,以所收资金修庙。关于剥画出售的经过,《重修广胜下寺佛庙序》说得十分明白:"去岁(1929 年),有客远至,言佛殿绘壁,博古晋雅好之,价可值千余金。僧人贞达即邀士绅估价出售。众议以为修庙无资、多年之憾,舍此不图,势必墙倾椽毁,同归于尽……"遂以 1 600 块大洋作价,卖给文物贩子,最后辗转流传至美国。

　　《药师经变》壁画如何来到大都会艺术博物馆的呢?这幅壁画最早由美国著名的中国艺术品收藏家亚瑟·萨克勒收藏。他很喜欢中国艺术品,购买了大量的中国文物。同时,他还捐款建造了许多博物馆,以他的名字命名,用以展出中国艺术品。在 1990 年代,他还给北大文博学院捐了一所博物馆,仍以他的名字命名,只是前面加了"北京大学"四个字。他所收藏的艺术品的来源有两个:一是去中国购买;二是从古董商的手里购买,常常是买下一位收藏家的所有中国艺术品。1950 年代以后,他开始捐献中国艺术品给各个博物馆。1964 年, 亚瑟·萨克勒以他母亲的名誉将这幅大壁画捐献给了大都会艺术博物馆。据称,他是从广胜寺购买了这幅壁画。壁画中央的形象是如来佛还是药师佛?有两种说法,其一,壁画中端庄慈祥的如来佛祖端坐正中,左右分别是普贤和文殊菩萨;其二,《药师经变》则表现药师佛和日光菩萨、月光菩萨在一起,合称东方三圣。据考证应为药师佛,按照佛像造像的规矩,如果表现的是如来佛,那么佛的手印应该是施无畏印或说法印,可是大都会艺术博物馆藏壁画的佛像并没有施无畏印或说法印,而是右手举起,掌心向上,施的是与愿印。由此证明这尊佛不是正在说法的释迦牟尼,而是药师佛正在施愿。《本生经》的故事说,在久远的过去世,电光如来住世时,有一梵士养育两子,一名日照,一名月照。这位梵士修行成佛后,即是药师如来。跟随他一起修行的两个儿子,则修成日光菩萨和月光菩萨,成为药师佛的重要辅佐。这就是在大都会艺术博物馆藏《药师经变》壁画上,药师佛端坐正中,左右两胁是日光菩萨和月光菩萨的由来。

拍摄于纽约大都会艺术博物馆

拍摄于纽约大都会艺术博物馆

拍摄于纽约大都会艺术博物馆

　　药师佛是佛教中的一位重要佛陀，佛教最能吸引信徒的教义无非两点：一求长生平安富贵，二求死后超生极乐世界，生病就要拜药师佛，由此可见药师佛的地位重要。巨型壁画《药师经变》绘于元代，即公元 13 ~ 14 世纪（迄今已有 700 ~ 800 年），具有十分宝贵的历史文物价值。从艺术的角度看，这幅壁画既继承了中国民间壁画艺术的优秀传统又融入了中国佛像绘画的技法。佛像的造型沿袭了唐朝以丰满肥胖为美的审美情趣，药师佛及日光菩萨、月光菩萨的脸庞，皆圆若满月，慈眉善目。由"法像"展示其慈善、宽容、智慧、禅定的内心世界。除端坐正中的药师佛身着袈裟，袒露前胸外，其余菩萨神将，都是穿着类似中国士大夫那样的长袍宽带，显得俊逸潇洒。衣服的皱褶自然生动，衣服的质感薄如蝉翼，凸显秀骨清像名士气韵。虽然不知道这幅壁画的作者是谁，但从壁画的风格及艺术成就可以看出，它继承和发扬了自魏晋南北朝僧佑、戴逵，到唐代"画圣"吴道子的佛像艺术的传统技艺，堪称艺术珍品。

《药师经变》壁画（局部）

(2) 206 展厅的中国石雕

今天，世界上只有少数国家的古董市场是不对外开放的，中国就是一例。例如，如果在美国或日本的古董店买到一件价值极高的古代艺术品，可以把它带回中国。但是，外国人如果想从中国买一件价值较高的古董，是出不了中国国境的。在 1949 年以前，中国文物市场是对外开放的，那时的一些中美古董交易，留给中国人的是屈辱与无奈。

大都会艺术博物馆的中国陈列部分的最后一件文物是"孝文帝礼佛图"，它就是给中国人带来永远伤痛的代表作，也是一件中国历史上流失的重要国宝。在大都会艺术博物馆早期佛教艺术展厅，有一座大型浮雕来自中国三大石窟寺之一——河南洛阳龙门石窟的宾阳中洞。龙门石窟位于洛阳市以南 12 km 的伊河两岸山崖间。公元 493 年，鲜卑族建立的北魏王朝从平城（今山西大同）迁都洛阳，就选择这里作为他们开窟造像、建立佛教功德的中心区域。在北魏晚期的近 40 年时间里，雕造出了约占龙门石窟总数 1/3 的窟龛，可以想象当年佛教活动之繁盛。在北魏龙门石窟中，最宏伟壮丽的一所石窟，就是宾阳中洞。公元 500 年，宣武帝元恪即位，不久就命人在龙门山上为他的父母孝文帝和文昭皇太后各造一所石窟，作为他们的功德善事。最后，真正按时完成的只有宾阳中洞，内有高大的佛、菩萨、弟子像，并以华丽的莲花、宝盖、飞天装饰。在宾阳中洞东壁的窟门两侧下部，北侧刻的是《孝文帝礼佛图》，南侧刻的是《文昭皇后礼佛图》，他们在随从的簇拥下向窟门方向缓缓行进着。两幅浮雕真实地再现了北魏皇室的礼佛场面，具有极高的历史与艺术价值。这两件无价之宝是整个雕像群最精彩的部分，却在 20 世纪 30 年代被生生挖去，流落他乡。如今，每当游客行至宾阳中洞，就能在洞口看到两个触目惊心的疤痕。新中国成立前，由于缺乏管理，龙门石窟遭遇猖狂盗凿，据统计，盗凿痕迹达 780 多处，流散国内外的重要文物有 100 多件。

那么，《孝文帝礼佛图》是如何来到大都会艺术博物馆的呢？ 1934 年以前，当时的大都会艺术博物馆东方部主任普爱伦参观了龙门石窟，对这幅杰作叹为观止。回到北京后，与著名的古玩奸商岳彬签了一项合同，购买《孝文帝礼佛图》。于是，岳彬就与龙门石窟旁边偃师县的保长与土匪又签了一项合同，由他们持枪胁迫三名石匠，在晚上偷偷从南岸渡河进入宾阳中洞，将精美的《孝文帝礼佛图》逐块凿下。随后，岳彬又买通当地军阀，把石像分批运到北京。到达北京后，岳彬请人对照照片，一块一块地把石像黏起来，交给普爱伦。另一幅《文昭皇后礼佛图》在《孝文帝礼佛图》被凿下不久，也被盗凿，分块卖到了西方国家。后来，美国纳尔逊艺术博物馆的中国艺术专家劳伦斯·史克曼发现了这些浮雕残块，相继购回，拼在了一起，展于该馆的早期佛教艺术厅。《孝文帝礼佛图》整幅浮雕采取横向构图，人形处理因此显得颀长，并略带向前的倾斜感，既保留了盛典中的帝王生活气派，又带有飘然如仙的宗教意味和凝然静谧的心境，流露出作者沟通人世和天界的欲求。

《孝文帝礼佛图》已经开始摆脱古印度的犍陀罗风格，而加强了本土的艺术语言色彩。作品变得单薄平浅，高浮雕的圆润光影不复存在，线条成了艺术表现上举足轻重的角色。人与人的空间、人体的曲折起伏都用线勾勒，特别是衣纹的处理，格外舒展流畅、疏密有致，颇有汉代画像专以线求形的神韵，表现出中国民族文化与外来佛教艺术的融合。无论从艺术史、宗教史的角度去考察，还是从历史价值和文化价值去估量，《孝文帝礼佛图》都是当之无愧的国宝。

《孝文帝礼佛图》宽 393.7cm

《孝文帝礼佛图》（局部）
拍摄于纽约大都会艺术博物馆

3- 宾夕法尼亚大学博物馆的"中国圆厅"

常春藤名校、美国宾夕法尼亚大学的考古和人类学博物馆（以下简称宾大博物馆）是一座具有世界级水准的古代艺术博物馆，博物馆位于美国费城，其拥有的古代两河流域、埃及以及古罗马的大量出土文物，馆藏之精美，甚至可以和卢浮宫、大英博物馆相提并论。

中国艺术也是宾大博物馆的收藏特色之一。中国展厅设在博物馆建筑最核心的区域——一座圆形的大厅内，其藏品的主体大多是在 1914 年到 1927 年间进入馆藏的。总体而言，在古代青铜器、陵墓石刻、佛教雕塑和寺观壁画等许多方面，宾大博物馆都是海外博物馆中的领先者，曾经引领过北美地区中国艺术的收藏风潮。北美的中国学界甚至发明了"中国圆厅"这个专用名词，专指宾大博物馆主穹顶下收藏着的艺术奇珍。

宾大博物馆收藏的中国古代雕刻，尤其是北朝时期的佛教雕刻，则是宾大博物馆中国收藏中最为人称道的部分，其水平之高，在海外博物馆中名列前茅。以北朝艺术的绝响——响堂山艺术为例：馆藏的北响堂大北洞中心柱南龛、左右胁侍菩萨的两具头像，是公认的最为精美的响堂山石刻之一。宾大博物馆和位于华盛顿的弗利尔美术馆，是全世界收藏响堂山艺术最精华的两大博物馆。

当然，对于许多中国人而言，"中国圆厅"内最令人激动的展品应该是来自唐太宗昭陵的两匹神马"拳毛䯄"和"飒露紫"。

这是大古董商卢芹斋于 1920 年，以 12 万 5 千美元的价格出售给宾大博物馆的。"昭陵六骏"是指陕西醴泉唐太宗李世民陵墓昭陵北面祭坛东西两侧的六块骏马青石浮雕石刻。每块石刻宽约 2 m、高约 1.7 m。六骏是李世民在唐朝建立前先后骑过的战马。为纪念这六匹战马，李世民令工艺家阎立德和画家阎立本，用浮雕描绘六匹战马列置于陵前。"昭陵六骏"造型优美，雕刻线条流畅，刀工精细、圆润，是珍贵的古代石刻艺术珍品。"飒露紫"是李世民东征洛阳，铲平王世充势力时的坐骑，列于陵园祭坛西侧首位，前胸中一箭。"飒露紫"是六骏之中唯一旁伴人像的。公元 620 年，李世民与王世充在洛阳邙山的一次交战中，李世民跨上"飒露紫"，一直冲到敌阵背后。突然，王世充的骑兵一箭射中战马"飒露紫"，在这危急关头，大将军丘行恭翻身下马，把自己的坐骑让与李世民，他却牵着受伤的"飒露紫"和李世民一起突阵而出，回到营地，为"飒露紫"拔出胸前的箭之后，"飒露紫"就倒下去了。

李世民为了表彰丘行恭拼死护驾的战功，特命将拔箭的情形刻于石屏上。石刻"飒露紫"正是捕捉了这一瞬间情形，中箭后的"飒露紫"垂首偎人，眼神低沉，臀部稍微后坐，四肢略显无力，剧烈的疼痛使其全身战栗，旁伴身材魁梧的丘行恭，右手拔箭，左手抚摸着御马，疼爱之情溢于言表。这种救护之情，真乃人马难分，情感深挚。"飒露紫"的含义应是"勇健者的紫色骏马"。而另一幅浮雕就是六骏之一"拳毛䯄"，这是一匹毛做旋转状的黑嘴黄马，前中六箭，背中三箭，为公元 622 年李世民平定刘黑闼时所乘。石刻上的"拳毛䯄"身中 9 箭，说明这场战斗之激烈。自这场战争后，唐王朝统一中国的大业便宣告完成了。

拍摄于宾夕法尼亚大学博物馆

拍摄于宾夕法尼亚大学博物馆

响堂山石雕
拍摄于宾夕法尼亚大学博物馆

飒露紫
高 169 cm、长 207 cm、厚 40 cm，
重 4700 kg
拍摄于宾夕法尼亚大学博物馆

拳毛䯄
高 165 cm、长 207 cm、厚 44 cm，
重 4 700 kg
拍摄于宾夕法尼亚大学博物馆

走过四季
微观美国建筑文化与艺术教育

4- 美国碧波地博物馆中清代中期的徽州建筑"荫馀堂"

徽州建筑的特色，一是外围有高过屋脊的马头墙，用意在防火及护瓦；但是墙的设计，或见人字形斜下，或见山字形高突，层层仆落，次垒分明，檐角青瓦飞扬，衬落着白墙，跌宕有致。徽州建筑的另一特色是四水归堂的天井。商人怕财源流失，建造天井，一来可以透光及通风，二来可以防止屋脊的雨水流向屋外；雨水导入天井之中，图它财不外流的吉利。徽州建筑内部更是令人叹为观止。在天井院落中设置假山、挖掘鱼池、追逐园林奇趣。厅堂内的门槛、梁柱、窗框上处处有木雕装饰，取材于山川日月、松鹤云涛，力求精美繁复，与外部的简洁形成鲜明的对比，徽派建筑中著名的三雕——木雕、砖雕、石雕在徽州建筑里表现得淋漓尽致。

美国赛勒姆小镇，位于美国波士顿东北边，这个人口只有 4 万的沿海小镇，最为人熟知的是当地盛行的女巫文化。但让人感到不可思议的是，这座镇上还完完整整地保存着一座 200 年历史的中国徽派建筑——"荫馀堂"。

这是一个古建筑漂洋过海"远嫁"美国的故事，这个故事还要从 20 多年前说起。1993 年，一位名叫南希·波琳的美国女士到安徽休宁县黄村旅行，被一座座粉墙黛瓦的古村落深深打动，她甚至萌生了把一座徽派建筑搬回美国的想法。南希是个中国迷，曾在北京中央美术学院学习《中国艺术史》，她是中国内地对外开放之前，最早访问徽州地区的西方人之一，也是美国赛勒姆迪美博物馆的中国馆负责人。3 年后，南希再次来到黄村，当她经过一座老宅，发现门是开着的，于是她走进去，发现一家人在商量准备卖房子。原来，这座老宅是当地黄姓富商的祖传住宅。黄家子孙在 1980 年代中期已迁入城市，这里早就没人居住，处于废弃状态，面临着被拆除的命运。黄家人见一个外国人走进来，便随口一问："哎，你买不买？"没想到就是这样一句玩笑话，促成了这段跨洋的"姻缘"。

拍摄于碧波地博物馆"荫馀堂"

拍摄于碧波地博物馆"荫馀堂"

微观美国建筑文化与艺术教育

拍摄于碧波地博物馆"荫馀堂"

"荫馀堂"是于1800～1825年间，由黄姓富商盖建，先后有8代黄家子孙居住。原坐落在安徽省黄山市休宁县黄村，占地500 m²，是一栋峡谷层楼、四水归堂的开井院落，内有16间卧室、中堂、贮藏室、天井、鱼池、马头墙，富有典型徽州民宅建筑特色。1996年，第三十四代的黄家人决定将"荫馀堂"出售，正逢一位东方艺术学者南希·波琳在徽州探访古迹，更逢黄山市的古迹保护局想借用美国文教机构的影响力，来推广国际人士对徽州传统建筑的认识，于是一拍三合；黄山市与迪美博物馆签订文化交流计划，将"荫馀堂"一砖一瓦小心拆除，搬到迪美博物馆重建。"荫馀堂"即荫求祖荫，馀祈富馀，三个字里包含了多少世代相传、生生不息的想望。1997年春天，"荫馀堂"开始进行拆除搬迁工作，光是拆除就耗时4个月，由"荫馀堂"拆下的2 735块木件、8 500块砖瓦、972块石件，和当时屋内摆放的生活、装饰用品，甚至连同鱼池、天井、院墙、地基、门口铺设的石路板和小院子也拆了下来。在拆卸"荫馀堂"的过程中，人们不仅发现了黄家主人20世纪20年代在上海经商时与家里的通信，也找到屋主的日记、杂记等各种文物。工人还在地板夹缝、墙角等处发现清朝末年女人的发簪和贴有清朝邮票的信封，在当今的国际古董市场，这些文物都价值不菲。"荫馀堂"拆下的一砖一瓦，一草一木，装了满满19个集装箱，1998年的中国农历新年，抵达美国赛勒姆镇迪美博物馆重建。在随后的5年筹备期间，中美两国的文物专家和博物馆特意从安徽聘请能工巧匠，对"荫馀堂"各个部件进行测量、登记，将损坏腐烂的木质部件按原样重新打造，将"荫馀堂"修复成1980年代、原屋主黄氏家族最后居住时的面貌。

　　2003年6月21日，斥资1.25亿美元、经过8年策划施工的美国赛勒姆镇迪美博物馆扩建工程碧波地博物馆完工，"荫馀堂"正式对外开放。这是全世界第一个、也是唯一建置在海外的古徽州建筑——有200年历史的"荫馀堂"。第一天参观的人数就突破一万人。由于搬迁和重建的不易，博物馆对它的管理与保护也相当严格，每天限制参观人数，参观时间仅限半小时，且必须跟随导览按批进入，严禁拍摄……身处"荫馀堂"，会一时分不清是在美国博物馆还是来到了安徽黄村。从建筑的一砖一瓦到宅子里的一草一木，每一个细节都力求做到还原最初的样子。青砖黛瓦，马头墙，青石板铺成的庭院全木建筑的阁楼和天井，雕刻精美的镂空木窗，室内也原封不动地保存了原先的样子；旧时上海的士林布染料和香烟的招贴画，"文化大革命"中的毛主席语录，以及安放在墙上的播放了20多年乡村广告和革命歌曲的小喇叭……这一件件小东西无不从一个家庭的角度折射出中国自晚清以来200多年间的历史。时间在这里好像凝固了。

拍摄于碧波地博物馆"荫馀堂"

迪美博物馆还特地为"荫馀堂"做了一个十分精美的网站，网站提供了"荫馀堂"简史、家谱世系、来往家信、建筑特色、搬迁过程等，并以多幅精确的 3D 透视图和视频从各个立面和角度详细、立体地再现了"荫馀堂"的建筑构造和细节。沉浸在这样一座中国古典老宅里，无论你来自哪个国家，都可以从一件最日常、最熟悉的物品作为起点，了解中国文化。

　　多年以后，"荫馀堂"第三十六代传人黄秋华受邀来到了迪美博物馆，在看到老屋的那一刻，情不自禁地潸然泪下，她说："当时就觉得我已经穿越时空了，因为我们的房子在我的记忆当中已经被拆掉了，这时候突然展示在我面前，我觉得非常激动。当时，世界顶级提琴大师马友友正在庭院里面拉大提琴，音乐声很美妙……感触非常大。"

　　一座在中国即将被拆除的老宅，就这样被"接"到了美国，在异国他乡获得了新生。这是一个让人感慨万千的故事，这段鲜为人知的历史背后值得我们深思，如果没有南希对中国文化的热爱，没有造访徽州，没有这样一段跨越千里的夙缘，"荫馀堂"将何去何从？当今国人对文化遗产视而不见，听而不闻，中国的古建筑却要外国人来保护，中国的传统文化却要外国人来传承，中国的教育缺失对历史的尊重。美国人大费周章，把一座被中国自己人忽视的古建筑一砖一瓦地搬到大洋彼岸，重新搭建起来展览给后人，何为对历史的尊重？对文物的保护？美国人给我们好好上了一课。

拍摄于碧波地博物馆"荫馀堂"

5- 旧金山亚洲艺术博物馆中的中国古代青铜器

　　中国青铜器是美国博物馆馆藏中国文物的"标配"之一。旧金山亚洲艺术博物馆建于1966年，这是一座以收藏亚洲文物尤其是中国文物为主的博物馆。这里收藏有来自中国、日本、朝鲜、印度尼西亚等亚洲国家和地区的各类艺术珍品15 000多件，而作为馆藏重点，收藏在这里的中国瓷器有2 000多件，玉器有1 200多件，青铜器有800多件，收藏的中国文物，始于新石器时代，迄于清，为世界上收藏中国玉器最丰富的博物馆。中国青铜器的一个重要特征：相当部分是礼器，用来祭祀和祈祷的，成为世界青铜器家族中绝无仅有的角色。青铜器本身是物质的，但又是一种精神产品，这正是中国青铜器的奇妙之处。

商周青铜器 - 错金鹅

商周青铜器 - 错金铜牛
拍摄于旧金山亚洲艺术博物馆

商周青铜器 - 双耳钵

商周青铜器 - 酒器 - 爵
拍摄于旧金山亚洲艺术博物馆

商周青铜器 - 酒器 - 爵
拍摄于旧金山亚洲艺术博物馆

走世四季
微观美国建筑文化与艺术教育

小臣艅犀尊，制作年代约在商代帝乙、帝辛时期，是美国旧金山亚洲艺术博物馆中知名度最高的中国藏品，因为国际上许多有关青铜器的学术书刊都把它作为中国青铜器的象征，刊登在书的封面上。

造型——商代晚期的青铜珍品"小臣艅犀尊"从形象看似乎粗壮、敦实，似乎更持久，更凝重，更富有气韵。犀尊的造型几乎为圆球形，胖乎乎的，由四条粗壮的短腿支撑，憨态可掬；它的头部前伸，两只圆睁的小眼，透着机敏与可爱；大嘴微张，就像是得意的微笑；两只夸张的大耳朵竖在头的两侧，好像在好奇地倾听着周围的声响。它滚圆敦实、憨厚可爱的造型完全打破了人们以往对犀牛原本沉稳、威严的印象，让人感受到一丝滑稽和幽默。在周围众多花纹繁复、造型优雅的青铜器中间，小臣艅犀尊更显得纯朴稚拙，妙趣横生。

鉴赏——古代青铜器中有不少是以动物原型为造型的，有写实的一面，也有的以夸张的手法。从小臣艅犀尊看，造型就很有特色，头部前伸，鼓起的双眼圆睁，大嘴微张，上唇呈尖状下垂。鼻的上部竖立一尖状的角，额上也有一角。两只大耳朵耸立。犀身滚圆，肥大敦实，腹下为四只粗壮有力的短足，蹄为三趾。犀腹内空，为容器。腹背上有一圆口，从口部看应有盖子，现已无。器物表面无纹饰，尊为出土器物，有斑驳的铜锈覆盖，锈蚀使其更显生动，更表现出了犀牛的真实形象。小臣艅犀尊头部的双角，比例协调，比较写实。小臣艅犀尊是著名的"梁山七器"之一，器物运用写实手法，完全不事雕琢，整体造型浑然一体，于厚重质朴中流露出一派天真，这种于平淡中见神奇的艺术手法，一直是中国传统审美观所追求的最高境界。

价值——铜器的名贵不光在造型，而更重要的是铭文。铭文增加了青铜器的艺术内涵，是与书法艺术密不可分的。铭文气度宏伟，古朴雍容。其结体严整疏朗，笔意刚健浑厚，布白疏密成趣。犀尊内底有珍贵铭文 27 个字为："丁巳，王少夒，王赐小臣艅夒贝，唯王来征人方，唯王十祀又五肜日。"铭文记述了商王征伐夷方的事情。铭文中还记载了商王赏赐小臣艅夒贝。小臣艅的职务为奴隶总管，能得到商王的赏赐而感到很荣耀，于是制作了此器用以作为纪念。犀尊高 24.5 cm，据传清道光年间（也有说是咸丰年间）山东梁山出土了一批青铜器，习称"梁山七器"，犀尊就是其中的一件。

拍摄于旧金山亚洲艺术博物馆   小臣艅犀尊内底铭文

■ 人文知识点

· 天人合一

"天人合一"的思想观念最早是由庄子阐述，后被汉代儒家思想家董仲舒发展为天人合一的哲学思想体系，并由此构建了中华传统文化的主体。天人合一不仅仅是一种思想，而且是一种状态。

· 经验主义

经验主义是一种形而下学的思想方法和工作作风。其特点是在观察和处理问题的时候，从狭隘的个人经验出发，不是采取联系、发展、全面的观点，而是采取孤立、静止、片面的观点。哲学认识论中的经验论也可称为经验主义。

· 归纳主义

归纳主义科学观的要义在于：科学是从经验事实推导出来的知识。这种科学观是经过近代"科学革命"并作为其结果而流行起来的。

· 逻辑

狭义上的逻辑既指思维的规律，也指研究思维规律的学科即逻辑学。广义上的逻辑泛指规律，包括思维规律和客观规律。逻辑包括形式逻辑与辩证逻辑，形式逻辑包括归纳逻辑与演绎逻辑，辩证逻辑包括矛盾逻辑与对称逻辑。对称逻辑是人的整体思维（包括抽象思维与具象思维）的逻辑。逻辑指的是思维的规律和规则，是对思维过程的抽象。从狭义来讲，逻辑就是指形式逻辑或抽象逻辑，是指人的抽象思维的逻辑；广义来讲，逻辑还包括具象逻辑，即人的整体思维的逻辑。

· 境界

境界是在感知力上感知的主观上的广义的名词。境界是指人的思想觉悟和精神修养，即修为，人生感悟，对于境界来说，在各个不同的领域有着不同的看法和见解，故境界是一种很微妙的感觉。多数时把境界划分为几种，以质来区分；度来衡量。如主体在某件事物上所处于的水平。清代鸿儒王国维在其著作《人间词话》里谈到："古之成大事业，大学问者，必经过三种之境界。"

· 演绎

基本意义：从前提必然地得出结论的推理；从一些假设的命题出发，运用逻辑的规则，导出另一命题的过程。

· 庄子

庄子（约前369—前286），战国中期哲学家，今安徽蒙城人。是我国先秦（战国）时期伟大的思想家、哲学家和文学家。庄子原系楚国王族，楚庄王后裔，后因乱迁至宋国，是道家学说的主要创始人。与道家始祖老子并称为"老庄"，他们的哲学思想体系，被思想学术界尊为"老庄哲学"，然文采更胜老子。代表作《庄子》被尊崇者演绎出多种版本，名篇有《逍遥游》《齐物论》等，庄子主张"天人合一"和"清静无为"。庄子的想象力极为丰富，语言运用自如，灵活多变，能把一些微妙难言的哲理说得引人入胜。他的作品被人称之为"文学的哲学，哲学的文学"。

· 惠施

惠子（前390—前317），姓惠，名施，战国中期宋国商丘（今河南商丘）人。著名的政治家、哲学家，他是名家学派的开山鼻祖和主要代表人物，也是文哲大师庄子的至交好友。惠施是合纵抗秦的最主要的组织人和支持者，他主张魏国、齐国和楚国联合起来对抗秦国，并建议齐、魏互尊为王。

· 趣味

趣味，汉语词汇。意思是使人感到愉快，能引起兴趣的特性；爱好。

· 郑板桥

郑板桥（1693—1765），原名郑燮，字克柔，号理庵，又号板桥，人称板桥先生，江苏兴化人，祖籍苏州。康熙秀才，雍正十年举人，乾隆元年进士。

官山东范县、潍县县令，政绩显著，后客居扬州，以卖画为生，为"扬州八怪"重要代表人物。郑板桥一生只画兰、竹、石，自称"四时不谢之兰，百节长青之竹，万古不败之石，千秋不变之人"。其诗、书、画，世称"三绝"，是清代比较有代表性的文人画家。代表作品有《修竹新篁图》《清光留照图》《兰竹芳馨图》《甘谷菊泉图》《丛兰荆棘图》等，著有《郑板桥集》。

· 弗里德里希·威廉·尼采

尼采（1844—1900），德国著名哲学家，被认为是西方现代哲学的开创者，语言学家、文化评论家、诗人、作曲家、思想家，他的著作对于宗教、道德、现代文化、哲学以及科学等领域提出了广泛的批判和讨论。他的写作风格独特，经常使用格言和悖论的技巧。尼采对于后代哲学的发展影响极大，尤其是在存在主义与后现代主义上。在开始研究哲学前，尼采是一名文字学家。24岁时尼采成为了瑞士巴塞尔大学的德语区古典语文学教授，专攻古希腊语、拉丁文文献。但在1879年由于健康问题而辞职，之后一直饱受精神疾病煎熬。1889年尼采精神崩溃，从此再也没有恢复，在母亲和妹妹的照料下一直活到1900年去世。尼采主要著作有：《权力意志》《悲剧的诞生》《不合时宜的考察》《查拉图斯特拉如是说》《希腊悲剧时代的哲学》《论道德的谱系》等。

· 灵感

灵感也叫灵感思维，指文艺、科技活动中瞬间产生的富有创造性的突发思维状态。通常搞创作的学者或科学家，常常会用灵感一词来描述自己对某件事情或状态的想法或研究。

· 内涵

内涵是一种抽象的但绝对存在的感觉，是某个人对一个人或某件事的一种认知感觉。内涵不一定是广义的，也可能是局限在某一特定人对待某一人或某一事的看法。它的形式有很多，但从广泛来讲是一种可给人内在美感的概念。人的感知能力有差异，且内涵不是表面上的东西，而是内在的，隐藏在事物深处的东西，故需要探索、挖掘才可以看到。

· 舍利

舍利是梵语 śarīra 的音译，是印度人死后身体的总称。在佛教中，僧人死后所遗留的头发、骨骼、骨灰等，均称为舍利；在火化后，所产生的结晶体，则称为舍利子或坚固子。舍利的结晶体舍利子，其形成原因，目前在实验研究方面没有定论。依据佛典，舍利子是僧人生前因戒定慧的功德熏修而自然感得；大多推测则认为舍利子的形成与骨骼和其他物体共同火化所发生的化学反应有关；另有民间流传认为，人久离淫欲，精髓充满，就会有坚固的舍利子。舍利和舍利子在佛教中受到尊敬和供奉，依据缘起性空的义理，佛教认为，舍利子只是物质元素并无灵异成分，佛教徒尊敬佛的舍利和佛弟子的舍利，主要是由于高僧大德生前的功德慈悲智慧。

· 菩萨

菩萨是"菩提萨埵"之略称。菩提萨埵，梵语 bodhi-sattva，巴利语 bodhi-satta。又作：菩提索多、冒地萨怛缚，或扶萨。意译作：道众生、觉有情、大觉有情、道心众生。意即求道求大觉之人、求道之大心人。菩提，觉、智、道之意；萨埵，众生、有情之意。与声闻、缘觉合称三乘。又为十界之一。即指以智上求无上菩提，以悲下化众生，修诸波罗密行，于未来成就佛果之修行者。亦即自利利他二行圆满、勇猛求菩提者。对于声闻、缘觉二乘而言，若由其求菩提（觉智）之观点视之，亦可称为菩萨；而特别指求无上菩提之大乘修行者，则称为：摩诃萨埵（梵语 maha^-sattva，摩诃，意即大）、摩诃萨、菩萨摩诃萨、菩提萨埵摩诃萨埵、摩诃菩提质帝萨埵等，以与二乘区别。此外，由于菩萨是佛位的继承人，因此也称之为"法王子"，这个语词的音译为"究摩罗浮多"，意译又称为"童真"。

· 吴道子（约680—758），唐代著名画家，画史尊称画圣，又名道玄。汉族，阳翟（今河南禹州）人。约生于公元680年（永隆元年），卒于公元758年

（乾元元年）前后。少孤贫，年轻时即有画名。曾任兖州瑕丘（今山东滋阳）县尉，不久即辞职。后流落洛阳，从事壁画创作。开元年间以善画被召入宫廷，历任供奉、内教博士、宁王友。曾随张旭、贺知章学习书法，通过观赏公孙大娘舞剑，体会用笔之道。擅佛道、神鬼、人物、山水、鸟兽、草木、楼阁等，尤精于佛道、人物，长于壁画创作。

· 龙门石窟

龙门石窟是中国石刻艺术宝库之一，现为世界文化遗产、全国重点文物保护单位、国家级旅游景区，位于洛阳市南郊伊河两岸的龙门山与香山上。龙门石窟与莫高窟、云冈石窟、麦积山石窟并称中国四大石窟。龙门石窟开凿于北魏孝文帝年间，之后历经东魏、西魏、北齐、隋、唐、五代、宋等朝代连续大规模营造达 400 余年之久，南北长达 1 km，今存有窟龛 2 345 个，造像 10 万余尊，碑刻题记 2 800 余品。其中"龙门二十品"是书法魏碑精华，褚遂良所书的"伊阙佛龛之碑"则是初唐楷书艺术的典范。龙门石窟延续时间长，跨越朝代多，以大量的实物形象和文字资料从不同侧面反映了中国古代政治、经济、宗教、文化等许多领域的发展变化，对中国石窟艺术的创新与发展做出了重大贡献。2000 年被联合国科教文组织列为世界文化遗产。

· 宗教

宗教是社会发展到一定历史阶段出现的一种文化现象，属于社会特殊意识形态。当今世界主要的宗教有：道教、基督教、伊斯兰教、神道教、佛教、印度教等。旧时由于人类对自然的未知探索，以及表达人类渴望不灭解脱的追求，进而相信现实世界之外存在着超自然的神秘力量或实体，使人对这些神秘产生敬畏及崇拜，从而引申出信仰认知及仪式活动体系，与民间神话一样，其也有自己的神话传说，彼此相互串联，其是一种心灵寄托。

· 浮雕

浮雕是雕刻的一种，雕刻者在一块平板上将他要塑造的形象雕刻出来，使它脱离原来材料的平面。浮雕是雕塑与绘画结合的产物，用压缩的办法来处理对象，靠透视等因素来表现三维空间，并只供一面或两面观看。浮雕一般是附属在另一平面上的，因此在建筑上使用更多，用具器物上也经常可以看到。由于其压缩的特性，所占空间较小，所以适用于多种环境的装饰。浮雕在内容、形式和材质上与圆雕一样丰富多彩。浮雕的材料有石头、木头、象牙和金属等。浮雕为图像造型浮凸于石料表面（与沉雕正好相反），是半立体型雕刻品。根据图像造型脱石深浅程度的不同，又可分为浅浮雕和高浮雕。浅浮雕是单层次雕像，内容比较单一；高浮雕则是多层次造像，内容较为繁复。浮雕的雕刻技艺和表现体裁与圆雕基本相同。古今很多大型纪念性建筑物和高档府第、民宅都附有此类装饰，其主要作品是壁堵、花窗和龙柱（早期）及柱础等。

· 人类学

人类学是从生物和文化的角度对人类进行全面研究的学科群。从生物和文化的角度对人类进行全面研究的学科群，最早见于古希腊哲学家亚里士多德对具有高尚道德品质及行为的人的描述中。在 19 世纪以前，人类学这个词的用法相当于今天所说的体质人类学，尤其是指对人体解剖学和生理学的研究。

· 考古学

考古学属于人文科学的领域，在中国是历史科学的重要组成部分，世界其他国家 多从属于人类学，也有划归艺术史的。其任务在于根据古代人类通过各种活动遗留下来的物质资料，以研究人类古代社会的历史。实物资料包括各种遗迹和遗物，它们多埋没在地下，必须经过科学的调查发掘，才能被系统地、完整地揭示和收集。

· 阎立本

阎立本（约 601—673），唐代政治家，大画家，雍州万年（今陕西省西安市临潼区）人。阎立本擅长工艺，多巧思，工篆隶书，对绘画、建筑都很擅长，隋文帝和隋炀帝均爱其才艺。入隋后官至朝散大夫、将作少监。兄阎立德亦长书画、工艺及建筑工程。父子三人并以工艺、绘画闻名于世。唐高宗显庆元年（656），阎立本由将作大将迁升为工部尚书，总章元年（668）擢升为右相，封博陵县男。当时姜恪以战功擢任左相，因而时人有"左相宣威沙漠，右相驰誉丹青"之说。代表作品有《步辇图》《历代帝王像》等。

· 李世民

唐太宗李世民（598—649），唐朝第二位皇帝，杰出的政治家、战略家、军事家、诗人。李世民爱好文学与书法，有墨宝传世。公元 626 年 7 月 2 日（武德九年六月初四），李世民发动玄武门之变，被立为太子，唐高祖李渊不久退位，李世民即位，改元贞观。李世民为帝之后，积极听取群臣的意见，对内以文治天下，虚心纳谏，厉行节约，劝课农桑，使百姓能够休养生息，国泰民安，开创了中国历史上著名的贞观之治。对外开疆拓土，攻灭东突厥与薛延陀，征服高昌、龟兹、吐谷浑，重创高句丽，设立安西四镇，各民族融洽相处，被各族人民尊称为天可汗，为后来唐朝一百多年的盛世奠定重要基础。公元 649 年，李世民因病驾崩于含风殿，享年五十二岁，在位二十三年，庙号太宗，葬于昭陵。

· 马头墙

马头墙又称风火墙、防火墙、封火墙，具有中国传统民居建筑流派中江南古典建筑的重要特色。特指高于两山墙屋面的墙垣，也就是山墙的墙顶部分，因形状酷似马头，故称"马头墙"。

· 木雕

木雕是雕塑的一种，在我国常常被称为"民间工艺"。木雕可以分为立体圆雕、根雕、浮雕三大类。木雕是从木工中分离出来的一个工种，在我国的工种分类中为"精细木工"。一般选用质地细密坚韧，不易变形的树种如楠木、紫檀、樟木、柏木、银杏、沉香、红木、龙眼等。采用自然形态的树根雕刻艺术品则为"树根雕刻"。木雕有圆雕、浮雕、镂雕或几种技法并用，有的还涂色施彩用以保护木质和美化。

2008 年 6 月 7 日，木雕经国务院批准列入第二批国家级非物质文化遗产名录。

· 砖雕

砖雕，顾名思义指在青砖上雕出山水、花卉、人物等图案，是古建筑雕刻中很重要的一种艺术形式，制作工艺与核心点是在于用金砖等级的成品青砖进行表面深度雕刻，这是我国几百年来传统意义上真正的砖雕。其他采用合成、翻模、窑前（即捏制成形后再烧制）等其他技术做成的产品可能在外观上可以效仿与复制，但随着安装后时间上的增加，"仿品"的色泽、形变会逐渐体现出来甚至多数发生断裂、脱色、变色，并且在价值意义上忽略了传统砖雕精致细腻、气韵生动、极富书卷气等特点。

· 石雕

石雕，指用各种可雕、可刻的石头，创造出具有一定空间的可视、可触的艺术形象，借以反映社会生活、表达艺术家的审美感受、审美情感、审美理想的艺术。常用的石材有花岗石、大理石、青石、砂石等。石材质地坚硬耐风化，是大型纪念性雕塑的主要材料。2008 年入选第二批国家级非物质文化遗产名录。

· 马友友

马友友，1955 年 10 月 7 日出生于法国巴黎，大提琴演奏者，毕业于哈佛大学、茱莉亚音乐学院。1991 年，哈佛大学授予他荣誉博士学位。1959 年，由父亲启蒙学习大提琴，并和家人迁居纽约。1962 年，参加了为筹建华盛顿文化中心举行的巡回义演音乐会，美国总统肯尼迪夫妇出席晚会。1971 年，16 岁的马友友在纽约卡内基音乐厅举行独奏音乐会。1976 年，他从哈佛大学毕业，取得人类学学位。1998 年，《马友友的巴赫灵感》问世。1999 年，与巴伦波因合作，与中东音乐家们组成的"中东青年管弦乐团"一起在德国威玛演出。2006 年，时任联合国秘书长的安南任命马友友为联合国和平使者。至2016 年，他已 17 次获得格莱美奖。2011 年，美国总统奥巴马在白宫举行了授勋仪式，为马友友等颁发了代表美国平民最高荣誉的总统自由勋章。

第六章　来自中国的艺术视野

1- 东西方艺术的对话

　　《东西方艺术的对话》系列主题美术作品展览，作为密苏里大学国际交流项目的一部分，立足于促进不同文化之间的交流和合作。近年来，随着中国的进一步改革开放，不少中国高校的美术教授作为访问学者来到美国的大学参观学习、交流合作，这既为中国的艺术家提供了向西方学习的机会，同时也为西方的观众了解中国艺术教育和中国艺术的发展提供了难得的机会。来自中国的艺术家陈杰教授的"冥想"系列油画作品，受到了观众广泛的关注。

　　此展精选自他在密苏里大学访学期间创作的三个抽象油画系列的 100 多幅作品之中。陈杰教授在美国访学期间，近距离接触了美国的当代绘画艺术，开拓了自身的艺术视野，在东西方艺术语言的比照中，反观自身的文化，产生了新的艺术灵感，在油画的诗意化、人文化和中国化方面，融入了自己的个性语言，呈现出崭新的面貌，一个民族那么富有诗意的存在，就这般在小小的画面中展开了。

　　他力图以西方的媒介去表达东方的精神和气韵，走一条由"西"向"东"的油画民族化道路，表达了画家在异国他乡，对自身文化的反观和对人生的思考，积极探索着中国油画民族的精神气韵，表达着中国油画的人文诗意精神，如庄子在《逍遥游》中所描述："北冥有鱼，其名为鲲。鲲之大，不知其几千里也；化而为鸟，其名为鹏。鹏之背，不知其几千里也；怒而飞，其翼若垂天之云……"通过此次画展的作品，可以窥见陈杰教授对中国传统文化和哲学的思考与感悟，捕捉道之意，来表达中国式的绘画诗性关怀，展示中国文化艺术的魅力。绘画只有通过理解和不断超越，并且保持这种超越，才有可能在可居可游中创造美轮美奂的妙境，陈杰教授也希望通过此次画展，促进中美文化艺术、教育 、教学交流，也给美国艺术家和观众提供一个窥见东方诗性绘画之美的窗口。

　　中国的艺术评判在很长一段时间内受制于西方的标准，而在主张多元文化并存的当代社会，来自中国的艺术家陈杰教授通过他的作品，展示了他对传统、现代、东方、西方等文化与艺术现状和关系的思考与诠释。

文—— 美国哥伦比亚密苏里大学终身教授、硕士研究生导师 Joe Johnson

"冥想"系列油画 100 cm×80 cm
亚麻布面油画 2015 年

"冥想"系列油画 100 cm×80 cm
亚麻布面油画 2015 年

"冥想"系列油画 100 cm×80 cm
亚麻布面油画 2015 年

"冥想"系列油画 100 cm×80 cm
亚麻布面油画 2015 年

"冥想"系列油画 100 cm×80 cm
亚麻布面油画 2015 年

《混沌》系列油画 50 cm×50 cm 亚麻布面油画 2015 年

《混沌》系列油画 50 cm×50 cm 亚麻布面油画   2015 年

课堂《人体》写生系列
73 cm×65 cm　2015 年
亚麻布面油画

课堂《人体》写生系列
73 cm×65 cm   2015 年
亚麻布面油画

课堂《人体》写生系列
73 cm×65 cm　2015 年
亚麻布面油画

课堂《人体》写生系列
73 cm×65 cm　2015 年
亚麻布面油画

2- 中美艺术教育之间的交流

艺术在美国综合性大学是修养性的，而不是专业性的，是趣味和人格的培养，而非谋生。其次，艺术在美国综合性大学是被当做人类的精神现象而加以研究，而不局限于职业画家的养成。所以，美国综合性大学的艺术培养与美术学院、职业学院的培养目标不同。中国综合性大学设置美术系科的定位只是培养专业（职业）画家，培养目标和层次均不清晰。

密苏里大学的课程体系，是精神内容的议题处理问题，并把这种议题处理为语言学、符号学的文本。当代艺术的概念是有关精神议题的语言文本，就是说，它的语言训练涉及语言学、精神分析和符号学。国内艺术院校的课程体系，目前还停留在欧洲19世纪的包豪斯阶段，即从写实主义到抽象构成，这两个阶段主要是强调形象的造型处理。国内艺术院校向语言学、符号学文本转型，目前有一个转不过去的知识瓶颈，因为大部分教师自己没有语言学、符号学的训练，仍停留在对图像处理的技术阶段。而密苏里大学的教授在课堂上和学生们一起围绕艺术问题进行探讨，如什么是艺术？如何面对艺术？课堂探讨的关键在于给学生以启示，教授在课堂探讨的关键作用在于给学生以引导，课堂讨论只解决思想观念上的问题，学生们没有技术的压力和各种条条框框的限制，学生们首先面对的就是艺术问题，通过探讨，很好地促进了学生们自己去思考艺术、研究艺术的良好习惯。在这种课堂探讨结束后，教授会给学生一个主题，学生也可自选一个主题，但都不做具体形式的规定和限制。接下来具体的指导工作由助教来完成，所有工作室向全体学生开放，工作室有专门的技术人员随时帮助学生解决遇到的技术问题。学生选定作品主题后，自由选择技术手段去实施，并根据作品创作过程中遇到的实际技术问题向工作室人员请教咨询。学生每一个选题都会遇到许多新问题，问题的多元性也促使学生艺术和个性的多元化发展，学生关注的并不是孤立的技术层面知识的掌握，而是自己观念的建立和与之紧密相连的技术语言选择。

在学生们的作品完成后，教授会和学生围绕着这些作品进行讨论，学生也要谈自己创作的想法和观点：哪些是有用的？哪些是有道理的？为什么用这种形式？为什么会选择这种材料？材料和主题之间有何关系？教授通过每位学生的发言和作品了解学生的个性特点，通过探讨培养学生的艺术思维方式。

国内的艺术教育，偏重于形象处理的技能训练，对人性和精神主体认识方面的思维训练比较弱，对主体性和精神分析的理论脉络知之甚少，如古希腊悲剧、莎士比亚的悲剧、德国的崇高美学、克尔凯郭尔、尼采、萨特、陀思妥耶夫斯基、弗洛伊德、荣格、拉康、荒诞派戏剧等，如此，我们的艺术就只剩下简单的形式设计了。

拍摄于密苏里大学

拍摄于密苏里大学

微观美国建筑文化与艺术教育

3- 在美国绘画创作的自我沉思

我现在对绘画创作已有些随心所欲了，不会刻意追求绘画的技巧，大自然和一片空濛美景就能让我把其他放下。许多年来我保持着和自然的亲密交往，我提着画箱，扛着画布从风景中穿过，犹如从时间中穿行，每一处风景都让我确信：这些有历史的景色作为曾在此的世界召唤我们将它们作为绘画表现，过去的历史在此世界中是不会过去的，"人类世界的一切都是被唤醒的图画"，画里保存着人类生活有品质和尊严的图像，这是超越时间性的存在。

珍爱自然，珍爱写生，珍爱双眼亲见的事物，保留着传统画家的情愫，正是由于这份珍视，让我们天性中的聪慧维系在一双手、一双眼上，把西方画派数百年的精华化为某种亮丽而不失温厚，淳朴而不脱韵致的识力。守得住自己民族的历史，依然是我们的根本。一位多次到过中国的美国艺术家，看过我的桃花写生后告诉我："你画的不是美国的桃花，而是中国的桃花。"他的这句话让我想了很长一段时间。当你在一个地方形成一种看风景的眼光，即便你在世界上任何地方，都会有意识无意识将这些风景聚来，为此，我告诫自己——小心呵护画布上那点被激情点亮的瞬间感动，绘画只有通过理解和不断超越，并且保持这种超越，才有可能在可居可游中创造美轮美奂的妙境。

艺术就是思想，思想必然有深度，画面没有思想等于没有深度，意味着画面只是审美的装饰物。我欣赏欧洲 20 世纪鼎盛时代的艺术和艺术家，绘画的品质耐看，这种画多看几眼都是眼睛的福分，反之，不好看的画看多了就是眼睛的灾难。一幅作品有深度则一定有独特性，但是独特不一定有深度，艺术之所以为艺术就是因为它的独特性，独特性很强调主体意识。

在绘画价值标准丢失的今天，有独立的判断尤其可贵。绘画在形象的直观中完成，绘画是寻常之物的不寻常表达，本身是谜和解谜。好的画你每次看每次都有体会，一幅好画是发生的状态，不是结束的状态，《溪山行旅图》就隐藏着一千多年前中国宋人与自然相处的亲密关系，一个民族那么富有诗意的存在，就这般在瀑布和山涧中展开了，瞧，那些往右行走的人那么小，那么小，一切隐在风景之中，世界显得那么大，天地那么广，这份亲密和相互依存性让我们直观感受到了。

艺术的问题是一个心灵的问题，艺术家的创作是创造一个心智之国。

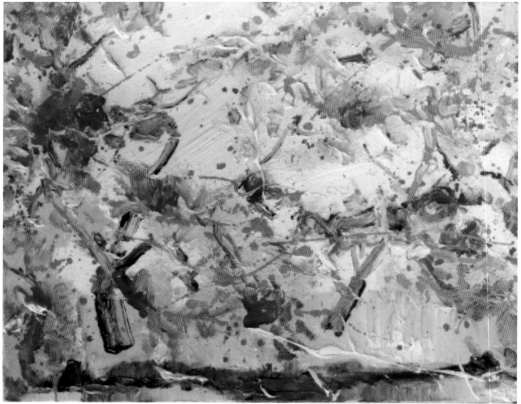

《桃花》写生系列 50 cm×60 cm 亚麻布面油画 2015 年

4- 对中国当代艺术的思考

当代艺术在时间上似乎泛指"今天的艺术"，但在内涵上主要指具有现代精神和具备现代语言的艺术。中国当代艺术走过了 50 多年的发展历程，在 1990 年代挣脱了政治"无形之手"时，却又无可奈何地落入了另一只更难以逾越的商业功利主义的"无形之手"中。中国艺术如果要获得独立价值，只有立足于真实的生活体验和本土文化，建立起自己的价值标准和健全的市场才能实现。赫·普菲茨指出，艺术具有双重性格，一方面源于"艺术自律"，另一方面源于"社会的本质"；美学和社会是艺术的"两种张力因素"。马尔库则认为，艺术具有双重使命，一方面对于现存社会的批判，另一方面又是对解放的期盼。艺术承担着不间断地解放人类文化智性的重任，而人类潜力的全面实现是全人类历史的真谛。

艺术与认识世界有关，因此艺术具有不断地"超越"、不断地"质疑"、不断地"冒险"等功能，正如阿多诺所言，最完美的艺术也不可能与现实叠合，艺术具有超越性。不升华和超越就没有光芒照在世间众生和万物上面。真正而伟大的艺术不是对现实的模仿，而是对未来的启示性的呈现，是感知未来世界和全新精神的一种方式。有两句话是现代艺术史上最重要的：一个是杜桑说的"生活就是艺术"，一个是鲍伊斯说的"人人都是艺术家"，这两句话实际上是一种意思，艺术原来的含义对西方人来讲是非常繁难的技巧，艺术家花很长时间去了解人体的构造，去掌握人体和衣纹的关系等等。实际上，艺术最重要的是表达，比如老农在地里一边锄地一边唱歌，表达自己的内心，这就是一种艺术。从这个角度来讲，每个人都是艺术家。

这里边有艺术史和艺术本质之间的关系。现代艺术就是要打破这种繁难技巧，让每个人都可以表达自己，这是一层意思。另一层意思是艺术是有各种各样模式的，老百姓捏一个面人、泥人，把心里的感觉表达出来了，这也是艺术。例如帽子是父亲去世前留下的，每看到这个帽子就想起父亲，这时候帽子就脱离了可以戴的功能，变成寄托自己情感的现成品。比如杜桑拿一个小便池，小便池本身不是艺术，是他拿了小便池这个过程，包含了他所有想要表达的感觉，这就是装置艺术。行为艺术呢，就是肢体语言，就像小孩开始长大，学会许多动作，可以表达情感，行为就是一种表达方式。

一旦从艺术模式上扩展到不用学那么多技巧，这时候就是人人都是艺术家。我想，以上所述的艺术都是广义上的艺术，艺术这个概念，狭隘地说，大概指的就是我们通常所说的画画吧，画画即是艺术家的艺术作品，20 世纪以前，绘画模仿的越真实就显示艺术家的技术越高超，但进入 20 世纪，随着摄影技术的出现和发展，绘画开始转向表现画家主观自我的方向，看到一幅画，鉴赏家有时已经说不清画的是什么，但一定能说出是谁画的。每个画家开始发展自己独特的风格。艺术作品里透出的永远是超越真实的对于现实的拷问，释放出的永远是对于未来现实的真诚希望，安放的永远是人类渴望自我的最美的灵魂。真正好的艺术可以使你被感动、受鼓舞，心生对生命的渴望，也可以使你急切地想要与之较量，人的内心状态应该在与艺术作品相伴之后获得生长。尊重艺术，实际上是对人之所以为人的尊重。因为这是我们超越生存需要的精神追求。面对当代艺术，观众，永远不再是艺术家的追随者，而是在与艺术家共同创造。

密苏里大学教授 Joe Johnson 作品

走过四季

微观美国建筑文化与艺术教育

密苏里大学教授 Joe Johnson 作品

密苏里大学学生作品

密苏里大学学生作品

拍摄于纽约新当代艺术博物馆

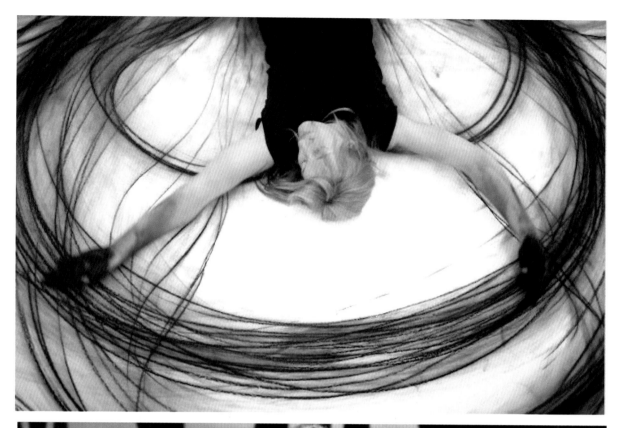

拍摄于纽约新当代艺术博物馆

我们在观赏艺术的同时也感悟出艺术所表现的思想，这正是一件当代艺术作品最重要的一部分！艺术，她包含着一种推动人类自身进步的动力，一种推进社会发展的坚定信念，一种永不停止探索的创造精神，一种摆脱生存实用主义的生活态度。不论怎么说，20多年来中国当代艺术经过借鉴外来现代艺术样式和与自身文化语境发生关联，并逐步提炼出自己的一种语法，浓缩了中国当今艺术家的艰辛思考。

　　中国当代艺术尽管才刚刚开始，但其前景是可观的，这不仅是因为中国当代艺术家在今天已渐渐在世界范围内产生影响，还在于整个西方现代艺术发展到现在，也转向东方寻找新的资源。所以，中国当代艺术在这种机遇中建立新的艺术，包括艺术的新概念和艺术的判断标准。而如果我们没有建立本土的艺术市场和收藏机制，以后要建一个中国当代艺术博物馆，以展示这一段艺术的变迁与艺术成就的时候，我们可能就要到海外买回这一时期中国当代艺术的重要作品，因为这些重要作品现已很少留存于本土。

　　而中国当代艺术为什么会走成这样，混乱的是我们的展览，尽管当代有一些批评家在策划主题展，但就目前的展览而言，都是无主题展。所以美术馆成为大杂烩的展示地。没有当代性的作品原本只能归于商业画廊，进入美术馆的展览应该是能进入学术讨论的展览，所以前卫画廊是艺术最活跃的场所，这种前卫画廊已经标明了艺术的学术与非学术的界限。那些商业画只能在商业画廊中销售，与学术画廊是毫不沾边的，更不要说是进入美术馆，而我们的美术馆却至今仍然充斥着大量的商业画展览。没有学术画廊，没有当代美术的美术馆，当然使博物馆更无从建起，我们也无法从博物馆那种回顾性的展览中重新思考艺术史的问题，所以当画廊——美术馆——博物馆系统展览制度没有形成之前，当代艺术只能是无处安置而被放逐，所以中国当代艺术首先应该却立一个完整的展览制度，而后将艺术正确的分类，美术馆应该展览学术性的作品，画廊应该展览商业的非学术的作品，将自己的展览规范以后才能够使参观者更加明确。

拍摄于纽约新当代艺术博物馆

拍摄于纽约新当代艺术博物馆

拍摄于纽约新当代艺术博物馆

· 密苏里大学

密苏里大学，于 1839 年在密苏里州的哥伦比亚建立，是当时密西西比河西岸唯一的大学，现在已发展成为美国著名的密苏里大学体系，拥有四个校区，分别是哥伦比亚分校、罗拉分校、堪萨斯城分校和圣路易斯分校，共有学生约 63 000 名。密苏里大学哥伦比亚分校是美国老牌百强名校，是该州 34 所大学中唯一入选美国大学协会的大学，是该州唯一一所同时兼为美国大学协会会员和卡内基高等教育基金会评出的"博士科研/横向研究型大学"的学术型明星大学。密苏里大学提供 265 种以上的学位课程，学术方面声名显赫，拥有世界上第一所新闻学院。在美国，由于新闻界舆论监督权巨大，所以又有"隐形的第四界"之称（美国三权分立，新闻常被称为第四权），这在一定程度上也催生了该校的政界校友发展。所以，由美国杜鲁门总统创建的公共事务管理学院在全美亦是大名鼎鼎，全州超过 1/3 的国会议员和政府职员即毕业于该校。

· 抽象

抽象是通过分析与综合的途径，运用概念在人脑中再现对象的质和本质的方法，分为质的抽象和本质的抽象。分析形成质的抽象，综合形成本质的抽象（也叫具体的抽象）。作为科学体系出发点和人对事物完整的认识，只能是本质的抽象（具体的抽象）。质的抽象只能是本质的抽象中的一个环节，不能作为完整的认识，更不能作为科学体系的出发点。抽象是决定事物性质的概念，事物的性质会随着抽象概念的改变而改变。

· 人文

人文就是人类文化中的先进部分和核心部分，即先进的价值观及其规范。其集中体现的是：重视人，尊重人，关心人，爱护人。简而言之，人文，即重视人的文化。人文，是一个动态的概念。《辞海》中这样写道："人文指人类社会的各种文化现象"。我们知道，文化是人类或者一个民族、一个人群共同具有的符号、价值观及其规范。符号是文化的基础，价值观是文化的核心，而规范，包括习惯规范、道德规范和法律规范则是文化的主要内容。人文是指人类文化中的先进的、科学的、优秀的、健康的部分。广义讲，泛指文化；狭义讲，专指哲学，特别是美学范畴。人文分类包括：文化、艺术、美学、教育、哲学、国学、历史、法律（俗称规矩）。

· 油画

油画是以用快干性的植物油（亚麻仁油、罂粟油、核桃油等）调和颜料，在画布亚麻布、纸板或木板上进行制作的一个画种。作画时使用的稀释剂为挥发性的松节油和干性的亚麻仁油等。画面所附着的颜料有较强的硬度，当画面干燥后，能长期保持光泽。凭借颜料的遮盖力和透明性能较充分地表现描绘对象，色彩丰富，立体质感强。油画是西洋画的主要画种之一。

· 诗意

诗意，是诗人用一种艺术的方式，对于现实或想象的描述与自我感受的表达。在情感立场上，有歌颂的，也有批判的；在表达方式上，有委婉的，有直抒胸臆的；在形式上，以《诗经》为代表的风雅颂和楚辞为滥觞，而汉代乐府又有所发展。诗意的主要载体，是为唐代达到巅峰的近体诗和古体诗，以及在宋代最流行的词，元代的曲。

· 气韵

所韵指文学或艺术上独特的风格；文章或书法绘画的意境或韵味；也指人的神采和风度等。

· 道

道，是中华民族为认识自然为己所用的一个名词，意思是万事万物的运行轨道或轨迹，也可以说是事物变化运动的场所。道，自然也。自然即是道。一切事物非事物自己如此，日月无人燃而自明，星辰无人列而自序，禽兽无人造而自生，风无人扇而自动，水无人推而自流，草木无人种而自生，不呼吸而自呼吸，不心跳而自心跳，等等不可尽言皆自己如此。因一切事物非事物，不约而同，统一遵循某种东西，无有例外。即变化之本，不生不灭，无形无象，无所不包，其大无外，其小无内，过而变之，亘古不变。其始无名，故古人强名曰：道。

· 诠释

诠释，汉语词汇。诠释，指说明；解释；对一种事物的理解方式；或者是用心感受的一种方式，一种方法。也可理解为：对某事的讲解、证明。

· 修养

修养，指人的综合素质；道家的修炼养性等。语出唐代吕岩《忆江南》词："学道客，修养莫迟迟，光景斯须如梦里。"是修行后的表象，修行是对内心思想和行为的改造，通过修行后表现出来的一种状态。修为是修行的程度，而修养只是表象。

· 人格

人格也称个性，这个概念源于希腊语 Persona，原来主要是指演员在舞台上戴的面具，类似于中国京剧中的脸谱，后来心理学借用这个术语用来说明：在人生的大舞台上，人也会根据社会角色的不同来换面具，这些面具就是人格的外在表现。面具后面还有一个实实在在的真我，即真实的自我，它可能和外在的面具截然不同。

· 语言学

语言学是以人类语言为研究对象的学科，探索范围包括语言的性质、功能、结构、运用和历史发展，以及其他与语言有关的问题。语言学被普遍定义为对语言的一种科学化、系统化的理论研究。并且语言是人类最重要的交际工具，是思想的直接反映。

· 符号

符号是被认为携带意义的感知，符号学是研究意义活动的学说。符号就是意义，无符号即无意义，符号学即意义学。符号学是 20 世纪形式论思潮之集大成者，从 60 年代起，所有的形式论归结到符号学这个学派名下，叙述学、传播学、风格学等，也是符号学的分科。

· 精神分析

精神分析是奥地利医学家弗洛伊德创建的治疗神经症的一种方法。其理论的中心概念是无意识；不符合社会规范的欲望和冲突被压抑在无意识中仍影响着意识，并可表现为神经症症状。

· 古希腊悲剧

古希腊悲剧起源于祭祀酒神狄奥尼索斯的庆典活动。戏剧大都取材于神话、英雄传说和史诗，所以题材通常都很严肃。亚里士多德在《诗学》中曾专门探讨悲剧的含义。他认为悲剧的目的是要引起观众对剧中人物的怜悯和对变幻无常之命运的恐惧，由此使感情得到净化。悲剧中描写的冲突往往是难以调和的，具有宿命论色彩。

· 莎士比亚

威廉·莎士比亚（1564—1616），欧洲文艺复兴时期最重要的作家，英国杰出的戏剧家和诗人，全世界最卓越的文学家之一；他在欧洲文学史上占有特殊的地位，被喻为"人类文学奥林匹克山上的宙斯"。他亦与古希腊三大悲剧家埃斯库罗斯、索福克里斯及欧里庇得斯合称戏剧史上四大悲剧家。浪漫主义时期赞颂莎士比亚的才华，维多利亚时期像英雄一样尊敬他，时至今日，莎士比亚戏剧的表演次数与研究次数仍远超其他任何戏剧家。前英国首相丘吉尔曾说："我宁愿失去一个印度，也不愿失去一个莎士比亚。"

· 克尔凯郭尔

索伦·克尔凯郭尔（1813—1855）丹麦宗教哲学心理学家、诗人，现代存在主义哲学的创始人，后现代主义的先驱，也是现代人本心理学的先驱。曾就读于哥本哈根大学。后继承巨额遗产，终身隐居哥本哈根，以事著述，多以自费出版。他的思想成为存在主义的理论根据之一，一般被视为存在主义之父。反对黑格尔的泛理论，认为哲学研究的对象不是客观存在而是个人的"存在"，哲学的起点是个人，终点是上帝，人生的道路也就是天路历程。

· 萨特

让·保罗·萨特（1905—1980），法国20世纪最重要的哲学家之一，法国无神论存在主义的主要代表人物，西方社会主义最积极的鼓吹者之一，一生中拒绝接受任何奖项，包括1964年的诺贝尔文学奖。在战后的历次斗争中都站在正义的一边，对各种被剥夺权利者表示同情，反对冷战。他也是优秀的文学家、戏剧家、评论家和社会活动家。

· 陀思妥耶夫斯基

费奥多尔·米哈伊洛维奇·陀思妥耶夫斯基（1821—1881），俄国作家。陀思妥耶夫斯基出生于小贵族家庭，童年在莫斯科和乡间度过。1846年发表第一部长篇小说《穷人》，受到高度评价。1848年发表中篇小说《白夜》。1849年因参加反农奴制活动而被流放到西伯利亚，在此期间发表长篇小说《被侮辱和被损害的》《罪与罚》《白痴》《群魔》《卡拉马佐夫兄弟》等作品。陀思妥耶夫斯基的小说戏剧性强，情节发展快，接踵而至的灾难性事件往往伴随着复杂激烈的心理斗争和痛苦的精神危机，以此揭露出资产阶级关系的纷繁复杂、矛盾重重和深刻的悲剧性。

· 弗洛伊德

西格蒙德·弗洛伊德（1856—1939），是奥地利精神病医师、心理学家、精神分析学派创始人。1873年入维也纳大学医学院学习，1881年获医学博士学位。1882—1885年在维也纳综合医院担任医师，从事脑解剖和病理学研究。然后私人开业治疗精神病。1895年正式提出精神分析的概念。1899年出版《梦的解析》，被认为是精神分析心理学的正式形成。1919年成立国际精神分析学会，标志着精神分析学派最终形成。1930年被授予歌德奖。1936年成为英国皇家学会会员。1938年奥地利被德国侵占，赴英国避难，次年于伦敦逝世。他开创了潜意识研究的新领域，促进了动力心理学、人格心理学和变态心理学的发展，奠定了现代医学模式的新基础，为20世纪西方人文学科提供了重要理论支柱。

· 荣格

卡尔·古斯塔夫·荣格（1875—1961），瑞士心理学家、精神病学家，精神分析学的主要代表。主要著作有《无意识心理学》《心理学型态》《集体无意识原型》《心理学与文学》等。提出"集体无意识"与"原型"理论，是对弗洛伊德精神分析学的泛性论倾向的纠正。

· 雅克

拉康·雅克（1901—1981），法国作家、学者、精神分析学家，也被认为是结构主义者。出生和逝世于法国巴黎。拉康从语言学出发来重新解释弗洛伊德的学说，他提出的诸如镜像阶段论等学说对当代理论有重大影响，被称为自笛卡尔以来法国最为重要的哲人，在欧洲他也被称为自尼采和弗洛伊德以来最有创意和影响的思想家。

· 卡夫卡

弗兰兹·卡夫卡（1883—1924），生活于奥匈帝国统治下的捷克小说家，本职为保险业职员。主要作品有小说《审判》《城堡》《变形记》等。卡夫卡深受尼采、柏格森哲学影响，对政治事件也一直抱旁观态度，故其作品大都用变形荒诞的形象和象征直觉的手法，表现被充满敌意的社会环境所包围的孤立、绝望的个人。卡夫卡与法国作家马塞尔·普鲁斯特、爱尔兰作家詹姆斯·乔伊斯并称为西方现代主义文学的先驱和大师。

参考文献

[1]   张强 . 中西绘画比较 . 郑州 : 河南美术出版社，2005.

[2]   刘墨 . 中华文化（美术卷）. 沈阳 : 辽海出版社，2006.

[3]   奥班恩 . 艺术的含义 . 孙浩良，译 . 上海 : 学林出版社，1985.

[4]   姚尔畅 . 美术家实用手册——油画 . 上海 : 上海书画出版社，2000.

[5]   张桐 . 影响中国绘画进程的 100 位画家 . 郑州 : 河南出版社，2004.

[6]   多奈尔 . 欧洲绘画大师技法与材料 . 杨红太，译 . 重庆 : 重庆出版社，1993.

[7]   阿恩海姆 . 艺术与视知觉 . 滕守尧，译 . 北京 : 中国社会科学出版社，1984.

[8]   桑塔耶纳 . 美感 . 缪灵珠，译 . 北京 : 中国社会科学出版社，1985.

[9]   朗格 . 艺术问题 . 滕守尧，译 . 北京 : 中国社会科学出版社，1985.

[10]   布洛克 . 现代艺术哲学 . 滕守尧，译 . 成都 : 四川人民出版社，1998.

[11]   祖恩 . 艺术创造与艺术教育 . 马杜原，译 . 成都 : 四川人民出版社，1998.

[12]   艾瑞荪 . 艺术史与艺术教育 . 宋献春，译 . 成都 : 四川人民出版社，1998.

[13]   科林伍德 . 艺术原理 . 陈华中，译 . 北京 : 中国社会科学出版社，1983.

[14]   许江 . 从素描走向设计 . 北京 : 中国美术学院出版社，2002.

[15]   佐藤泰生 . 画面构成技法 . 白鸽，译 . 北京 : 北京工艺美术出版社，1989.

[16]   巴特 . 符号学美学 . 董学文，译 . 沈阳 : 辽宁人民出版社，1987.

[17]   费伯 . 素描指南 . 徐迪彦，译 . 上海 : 上海人民美术出版社，2005.

[18]   啸声 . 络佩斯 . 南昌 : 江西美术出版社，1995.

[19]   杨燕屏 . 美国水彩技法介绍 . 天津 : 天津人民美术出版社，1982.

[20]   啸声 . 巴尔蒂斯 . 上海 : 上海人民美术出版社，1994.

[21]   比尼恩 . 亚洲艺术中人的精神 . 孙乃修，译 . 沈阳 : 辽宁人民出版社，1988.

[22]   康定斯基 . 论艺术的精神 . 查立，译 . 北京 : 中国社会科学出版社，1987.

[23]   萨弗兰斯基 . 海德格尔传 . 靳希平，译 . 北京 : 商务印书馆，1999.

[24]   施忠连 . 世界人生哲学金库 . 北京 : 人民文学出版社，1996.

[25]   啸声 . 巴尔蒂斯 . 北京 : 中国美术馆，1995.

[26]   李哲良 . 中国禅师 . 重庆 : 重庆出版社，2001.

[27]   尼采 . 快乐的科学 . 余鸿荣，译 . 北京 : 中国和平出版社，1986.

[28]   黑尔 . 艺术与自然中的抽象 . 胡知凡，译 . 上海 : 上海人民美术出版社，1998.

[29]   孙江宁 . 影响西方绘画进程的 100 位画家 . 海口 : 海南出版社，2004.

[30]   德加 . 世界美术家画库 . 上海 : 上海人民美术出版社，1983.

[31]   陆琦 . 从色彩走向设计 . 北京 : 中国美术学院出版社，2004.

[32]   普瑞林格 . 美国印象派作品 . 周光尚，译 . 桂林 : 广西师范大学出版社，2003.

[33]   纽约现代艺术博物馆 . 上海 : 上海人民美术出版社，1998.

[34]   卢浮宫博物馆 . 上海 : 上海人民美术出版社，1998.

[35]   瓦尔拉夫－里夏茨美术馆 . 上海 : 上海人民美术出版社，1998.

[36]　伦敦泰特美术馆 . 上海 : 上海人民美术出版社，1998.

[37]　伦敦国家美术馆 . 上海 : 上海人民美术出版社，1998.

[38]　葡萄牙辛特拉现代艺术博物馆 . 上海 : 上海人民美术出版社，1998.

[39]　大都会艺术博物馆 . 上海 : 上海人民美术出版社，1998.

[40]　芝加哥艺术学院美术馆 . 上海 : 上海人民美术出版社，1998.

[41]　麦克柯林迪克 . 现代主义和抽象艺术 . 周光尚，译 . 桂林 : 广西师范大学出版社，2003.

[42]　吴梅东 . 与凡·高共品葡萄酒 . 上海 : 上海文艺出版社，2001.

[43]　吴梅东 . 与莫奈赏花 . 上海 : 上海文艺出版社，2001.

[44]　吴梅东 . 与德加共享花草茶 . 上海 : 上海文艺出版社，2001.

[45]　马克斯·魏勒 . 马克斯·魏勒 . 北京 : 中国美术馆，1998.

[46]　周长江 . 解读材料 . 上海 : 上海书画出版社，2003.

[47]　Expressiv!

[48]　An American Vision:Three Generations of Wyeth Art

[49]　OSKAR KOKOSCHKA

[50]　Cezanne and Beyond

[51]　Master Drawings of the Italian Renaissance

[52]　Hockney's Pictures

[53]　Sammlung Leopold

[54]　KLIMT

[55]　HUNDERTWASSER

[56]　BEING AND ESSENCE.THE UNKNOWN A.R. PENCK

[57]　ADVENTURES IN MODERN ART THE CHARLWS K.WILLIAMS II COLLECTION

后记

"那些在保罗·塞尚故乡的日子，配得上一整座哲学图书馆，当人能如此直接的思想，如保罗·塞尚的绘画"。

——马丁·海德格尔 1956 年拜访保罗·塞尚故乡时如是说。

密苏里大学 1839 年创建，1908 年世界第一所新闻学院在密苏里大学诞生，现有来自 110 个国家或地区的学生 62 000 多人。在美国公立大学中，同时拥有医学院、兽医学院和法学院的只有六所，密苏里大学是其中之一。密苏里大学是《红星照耀中国》的作者埃德加·斯诺的母校。1920—1924 年，密苏里大学先后帮助中国的圣约翰大学（现上海华东政法大学）和燕京大学（新中国成立后并入北京大学和清华大学）筹建了中国第一、第二个新闻学院。1930 年 12 月，《密苏里校友》杂志向外公布了这一喜讯："中华民国政府实业部部长孔祥熙向密苏里新闻学院捐赠了一对石狮子"，并通知了威廉校长，作为庆祝世界上第一所新闻学院诞生 22 周年的贺礼。石狮后面墙上铜板文字内容为：这对石狮子雕刻于 531 年前的明朝年间，源自孔子故乡中国曲阜，这是中国政府赠送给密苏里大学新闻学院的礼物。石狮由中国政府实业部部长、孔子第七十五代后人孔祥熙博士赠送，并经中国驻美公使伍朝枢护送，1931 年 5 月 8 日抵达美国。以上是我在国内对密苏里大学的一些了解。

我出发前往密苏里大学前和美国夏威夷州艺术家联盟副主席、油画家部少华老师联系，他给出具体意见。

1- 摸清家底，避免重复劳动。

2- 优化路径，寻求直达。

3- 实地考察，取众家之长。

密苏里大学开学前一周选课，选课表近 5 页之多，预科生、本、研、博的课程选项全罗列在一起，选课表这样安排有如下几个方面的好处：

1- 总体告诉学生这个学科需要学习的科目，专业轮廓清晰，便于学生根据自己的特点和时间选择。学生依据自己的知识储备来度量课程难易，以便做出先易后难的选择。

2- 系列课程不少是重复的，老师在内容、重点、难点、难度、要求、考核等方面是有区别的，反复出现说明课程的重要性，不同之处体现在每个教师的认知、见解和解读方面。

3- 多人开课方便了学生的选择，加重老师的竞争，调动教师教学的主动性。

教育方式有以下一些类型：

课堂讲授、专题讲座、研讨会、实践、实习、课题、练习等。

专题讲座，一般是知名教授和业界高人与大家见面交流，主题性、针对性、适用性特别强，有时也有跨学科的专家，但是多少和本专业有联系，给人的启发性也很多。

第一次上课的老师给每个学生两张打印好的纸，是关于这门课的总体要求、总体描述和总体目标。按顺序如下：教科书的要求、阅读、课程描述、课程目标、上课日程、出席、教学设备规定、学术诚信，教室里的不端行为（学术）、不实和行为不端的报告程序、职业标准、职业道德等。最核心的篇幅、最长的部分是"学术诚信"等内容描述，从中感到他们在制度方面的严格和处理学术规范行为方面的严厉。

学术不端至少包括以下内容：

1- 使用别人的材料，没有注明引用或注明材料归属的。

2- 引用别人的材料，没有说明引用或注明材料归属的。

3- 扩展的引用在以前任务中出现的材料，没有得到老师许可的。

其非常严格地规定了对别人成果的尊重，只要是别人的东西，不管你怎么使用，一定要说明出处，这是学术诚信的质的规定性。学术文章的撰写中，如果在一句话中有三个词与别人话完全一样，就会被视为引用。如老师发现，学生这门课至少是零分，白纸黑字没有回旋的余地。投机取巧没有通道，剽窃抄袭没有市场，移花接木没有可能，讨巧作弊人所不齿，学术规范大家遵守，制度条文一视同仁，制度是基于对老师和学生同样的要求。美国研究基金会或学校有专门委员会处理学术不端的指控，各个学校都有一套制度对待学术不端：

1- 反复教育学生尊重别人的劳动成果。

2- 对学生一般教育为主，初犯不至于留下不良记录，但要狠狠地扣分，如再犯，这门课就无法通过，而且要上报学校了。

3- 学者的学术前途到头了，不会有单位雇佣他，代价大到很少有人敢去做。

艺术在美国综合性大学是修养性的，而不是专业性的；是趣味和人格的培养，而非谋生。其次，艺术在美国综合性大学是被当做人类的精神现象而加以研究，而不局限于职业画家的养成。所以，美国综合性大学的艺术培养与艺术学院和职业学院的培养目标不同。而中国综合性大学设置艺术院系的定位只是专业（职业）画家，培养目标和层次均不清晰。

课堂上教师讲得不多，后15分钟大家在一起提问、回答、互动，老师上课，没有教材。大多数情况是讲他们自己的论文，新近出版的期刊，复印的资料。几乎每一节课教师都会给学生一些复印的资料，让同学们结合授课内容现场理解、消化、吸收、扩展、补充。对教材没有硬性规定，圈定几本书而已。

课堂上教师会和大家在一起互动讨论，课堂讨论的关键在于给学生以启示，教师的关键作用在于给学生以引导。这种课堂讨论只解决思想观念上的问题，通过讨论促进学生们自己去思考艺术、研究艺术的良好习惯。在这种课堂探讨结束后，教师会给学生一个主题，学生也可自选一个主题，但都不做具体形式的规定和限制。接下来具体的作品指导工作由助教来完成，所有技术工作室都向全体学生开放，工作室有专门的技术人员随时帮助学生解决在学习中遇到的技术问题。学生选定作品主题后，自由选择技术手段去实施，并根据作品创作过程中遇到的实际技术问题向工作室技术人员请教咨询，学生每一个选题都会遇到许多新问题，学生就在解决诸多问题的基础上不断进步，问题的多元性也促使学生艺术和个性的多元化发展。学生关注的并不是孤立的技术层面知识的掌握，而是自己观念的建立和与之紧密相连的技术语言的选择。在学生们的作品完成后，教授会和学生们围绕着这些作品进行讨论：哪些是有用的，哪些是有道理的，哪些是不合理的，学生们也要谈自己作品创作的想法和观点，如：为什么用这种形式，为什么会选择这种材料，材料和主题之间有何关系等等。

老师上课时学生打断老师的讲话是常有的事，有时为了一个问题也会有较长时间的探讨。国内老师课堂上讲得非常完整、完美，但却把学生探索的过程取代了，而取代了探索的过程，就无异于取消了学习能力的获得。

国内艺术院校的课程体系，目前还停留在欧洲 19 世纪从写实主义到抽象构成阶段，这个阶段主要是强调形象的造型处理。所谓形象的造型处理，指造型的写实，色调的处理，写实变形的表现主义，写实形象重组的超现实主义，抽象的结构，点、线、面的重组，从"文艺复兴"到 50 年代的抽象表现主义、极简主义，西方的艺术主流是从写实主义到形式主义，这个过程语言实践的重心是形象处理。当代艺术已经不是形象处理的问题，而是精神内容的议题处理问题，并把这种议题处理为语言学、符号学的文本。当代艺术的概念是有关精神议题的语言文本，就是说，它的语言训练涉及语言学（如能指、所指）、精神分析（潜意识、无意识）和符号学（如编码、元语言等）。国内艺术院校向艺术作品的语言学文本转型，目前有一个转不过去的知识瓶颈，因为大部分教师自己都没有语言学、文本学和符号学的训练，他们仍停留在手工创作和对图像处理的技术阶段，这一知识结构很难走向符号学、语言学的更高语言层次，因此，国内艺术院校的转型，实际上使得艺术院校转型为艺术设计学院，大量毕业生作品也越来越设计化，艺术作品没有精神的议题，只有现代主义和对时尚化的设计语言。国内艺术院校的教育，目前对人性和精神主体认识方面的思维训练比较弱，使得一代代学艺术的师生，对主体性和精神分析的理论脉络知之甚少，很多人停留在一无所知的状态，如古希腊悲剧、莎士比亚的悲剧、德国的崇高美学、克尔凯郭尔、尼采、萨特、陀思妥耶夫斯基、弗洛伊德、荣格、拉康、荒诞派戏剧等，这种文学和哲学理论，几乎没有多少艺术院校的师生读过，这使我们的艺术就只剩下简单的形式设计了，使得我们对人性本身的丰富性和理解能力越来越简单化了。比如写实主义的绘画，画家不看小说，怎能把握人物身上的人性和国民性？怎能表现人物的深刻人格？如果是表现主义绘画，很难想象没有读过尼采、克尔凯郭尔、萨特的书，画家的表现性绘画怎会有精神力量？如果是抽象绘画，不读一些诗歌和观念艺术理论，很难想象一幅抽象绘画会有诗意和观念？如果连这些文字、哲学的修养都没有，那艺术家只能搞设计和装饰主义了。

一般说来，美国的一流研究性大学尤其是私立的常青藤大学都非常重视本科教育。但他们的研究生培养也是毫不逊色的，甚至在严格程度上有过之而无不及，这也是美国高等院校科研竞争力长期保持世界最高水准的原因之一。

陈 杰

2016 年 10 月 10 日

作者简介：

陈杰，男，安徽濉溪人。

毕业于安徽阜阳师范学院美术系油画专业，获文学学士学位。

江苏建筑学院艺术学院教授、硕士研究生导师。

教育部"国家精品课程"主持人。

教育部"国家资源共享课程"主持人。

教育部"国家级教学成果奖"获得者。

教育部"国家级教学团队"成员。

江苏省"青蓝工程"中青年学术带头人。

教育部高职艺术类"国家精品课程"评委。

美国密苏里大学访问学者。

徐州现代建筑艺术研究中心主任。

专著：

《陈杰油画作品集》《设计素描》《风景写生》《艺术造型训练》。

画展：

美国密苏里 Craft Studio Gallery 举办" 东西方艺术的对话 —— 陈杰绘画作品展"。

徐州艺术馆举办《陈杰油画作品展》，徐州电视台拍摄专题片《用色彩舞动生命》。

油画《精灵系列》在中国台湾索卡画廊举办四人联展。

研究方向：

具像表现绘画。